"三型农业"背景下塔里木河流域水资源生态补偿研究

卢 泉 著

吉林大学出版社

·长春·

图书在版编目（CIP）数据

"三型农业"背景下塔里木河流域水资源生态补偿研究 / 卢泉著.
— 长春：吉林大学出版社，2023.12
　ISBN 978-7-5768-2826-9

　Ⅰ.①三… Ⅱ.①卢… Ⅲ.①塔里木河－流域－水资源管理－
生态环境－补偿机制－研究　Ⅳ.①X321.245

中国国家版本馆 CIP 数据核字（2023）第 254494 号

书　　名　"三型农业"背景下塔里木河流域水资源生态补偿研究
　　　　　　"SANXING NONGYE"BEIJING XIA TALIMU HE LIUYU SHUIZIYUAN SHENGTAI BUCHANG YANJIU

作　　者　卢　泉
策划编辑　代景丽
责任编辑　邹燕妮
责任校对　刘守秀
装帧设计　君越致远
出版发行　吉林大学出版社
社　　址　长春市人民大街 4059 号
邮政编码　130021
发行电话　0431-89580036/58
网　　址　http://www.jlup.com.cn
电子邮箱　jldxcbs@sina.com
印　　刷　北京市怀柔新兴福利印刷厂
开　　本　787mm×1092mm　1/16
印　　张　10.75
字　　数　280 千字
版　　次　2023 年 12 月　第 1 版
印　　次　2023 年 12 月　第 1 次
书　　号　ISBN 978-7-5768-2826-9
定　　价　69.00 元

内 容 简 介

党的十九大报告中提出乡村振兴战略,明确表达坚持人与自然和谐共生,走乡村绿色发展之路的美好愿景。我国农业多年的快速发展,是以水土资源的大量消耗、农药化肥的无序使用导致的生态环境的破坏为代价的。2015 年,农业部等八部委联合发布《全国农业可持续发展规划(2015—2030 年)》,提出发展资源节约型、环境友好型、生态保育型农业,其目的就是通过协同推进"生产生活生态",解决日益严重的资源环境问题。"三型"农业作为农业绿色发展的重要理念,关系到国家粮食安全、资源安全以及生态安全,关系到美丽中国的建设、当代人民的福祉及子孙后代的可持续发展。

塔里木河流域是我国重要的灌溉农业区,是中国重要的优质棉花产区和重要的特色林果产区。由于干旱少雨,水资源成为该区域经济社会发展和生态环境保护的命脉与主要制约因素。近 20 年来,耕地无序扩张导致水资源超限耗用、水质恶化,生态用水无法得到有效保障,给当地的水安全及生态安全造成了极为严重的损害。

流域水资源生态补偿机制作为保护并提升利用生态系统服务功能,促进人水和谐发展的激励与利益协调机制,是实现农业"三型"的重要手段。塔里木河流域作为我国第一大内陆河,水资源是该地区发展的重要制约因素,基于"三型"农业发展的水资源生态补偿机制能够协调该地区的农业经济发展与生态环境保护。因此,流域水资源生态补偿机制成为绿富双赢的有效途径。

本研究以中国最具代表性的干旱区——塔里木河流域为研究对象,从经济、自然、社会、哲学等角度阐述生态补偿的正外部性,结合国家政策梳理建立健全生态的必要性与紧迫性。首先从综合治理效率评估、现阶段农业发展对水资源的经济和生态效应分析,对塔里木河流域水资源生态补偿机制进行现状评价;其次通过博弈论识别水资源生态补偿机制的核心利益主体,以生态系统服务价值与机会成本法相结合方式测算塔里木河流域水资源生态补偿机制补偿标准的区间范围,以及通过调研数据对塔里木河流域生态补偿方式的选择进行计量分析;最后借鉴国内外生态补偿机制的成功案例总结经验,以期构建塔里木河流域水资源生态补偿机制。

研究主要结论如下:

(1)塔里木河流域综合治理评估结果逐年稳步趋良。截至 2020 年综合效率达 0.44,对比 2010 年的 0.101 已有长足进步,但后续还需加强水资源的有效管理。

(2)南疆五地州的水资源耗用量大且低效,农业对于区域国民生产总值的贡献远不及工业。因此,将水资源进行"农转非"转移,是具有一定理论与现实意义的,其也能作为塔里木河流域实施水资源生态补偿的依据。

(3)塔里木河流域五地州水资源生态承载力均出现明显超标,其中以阿克苏地区与喀什地区最为严重,两个地区耕地面积超载占流域超耕面积的95.77%。充分说明塔里木河一流域实施水资源生态补偿的紧迫性。

(4)塔里木河流域2020年提供的生态服务价值为1.61×10^{11}元,可以作为流域水资源生态补偿的上限,通过种植业机会成本法,超耕各地区种植业退地节水机会成本为2.91×10^{10}元,可作为补偿下限。其相关补偿主体应为中央政府为主,地方及二、三产业为辅,补偿资金向源流区倾斜。

(5)若塔里木河流域实施"退耕还水"的补偿政策,补偿方式的影响因素众多,但最终农户都会更倾向于资金补偿,资金补偿是最为直接的补偿方式。

(6)基于"三型"农业发展构建塔里木河流域水资源生态补偿机制需要秉承可持续发展、生态服务有价、节水优先原则下的政府与市场结合,破坏与治理、占有和补偿相结合的基本思路,协同生态补偿立法、政策、主体、方式和工具。具体来说是,完善政策法规体系、实现分类补偿与整体统筹相结合、健全综合补偿制度、拓宽补偿资金渠道、推动补偿方式多元化以及提升全社会生态补偿意识。

本研究创造性地提出了"水资源生态补偿赤字率"这一概念,为塔里木河流域水资源生态补偿研究提供了全新的视角。借助这一概念,研究计算了流域各地区水资源生态赤字情况和理论上的退耕面积。研究为塔里木河流域水资源管理提供了重要的政策参考,对促进新疆长治久安、维护国家生态安全和社会稳定具有重要意义。

前　　言

　　水资源是塔里木河流域经济社会发展和生态环境保护的命脉与主要制约因素。塔里木河流域水资源包含阿克苏河、喀什噶尔河、叶尔羌河、和田河、开都-孔雀河、迪那河、渭干-库车河、克里雅河、车尔臣河等九大水系 144 条河流，干流（从肖夹克三源汇流处到台特玛湖）长 1 321 km，是全球典型和中国最大的内陆河流域（流域面积 102 万 km²）、最长的内陆河，也是南疆五地州市 1 200 余万人口的"母亲河"。塔里木河流域面临的水安全问题主要是气候变化和人类活动加剧了水资源的不确定性、供给与配置矛盾。当前塔里木河流域农业引水灌溉面积近 140 万 hm²，灌溉用水高达 354×10^8 m³，占流域可供用水量的 97%；万元 GDP 用水量是全国平均水平的近 6 倍；农业综合亩均灌溉水量 770 m³，远超全国平均水平。水资源的极端匮乏、农业用水的无序扩张和用水效率的极端低下，极大地挤占了生态用水，使得生态系统持续恶化。这成为当前制约塔里木河流域可持续发展和高质量发展的"瓶颈"。

　　水不仅是农业的命脉，也是整个国民经济和生态系统的命脉。作为山地-绿洲-荒漠复合生态系统，塔里木河流域降水稀少且蒸发强烈，塔里木河流域南疆区域水资源总量仅有 420.69 亿 m³（2020 年），然而，农业作为支撑产业的塔里木河流域聚居着新疆 68.3% 的少数民族人口，通过单纯的"节水""减水""控水"政策在一定时期、一定程度上会降低农业生产者特别是少数民族农民的经济收益，激化社会矛盾，违背绿色农业发展的初衷。必须在保障农民生产生活的情况下，设计合适的水资源保护补偿机制，协同推进"生产生活生态"，走"资源节约、环境友好、生态保育"的"三型"绿色发展之路。

　　塔里木河流域深居亚欧大陆腹地，曾经集边疆、干旱、民族、贫困等属性于一身，塔里木河流域水资源保护补偿设计必须考虑其特点和运行规律。本书基于三型农业这一背景，以塔里木河流域为研究对象，从水资源生态补偿机制研究的理论构架开始，结合塔里木河流域基本概况，运用博弈论对塔里木河流域水资源问题成因展开分析，测算了流域生态补偿标准，并在分析现行流域水资源保护补偿机制的基础上，对塔里木河流域水资源管理体制改革进行了探析。如果本研究能为塔里木河流域生态补偿政策法规设计和长效生态补偿机制的建立及推动绿洲农业可持续发展有微薄贡献，本人幸甚之至。

　　本书在撰写过程中，参考了部分专家和学者的成果，在此表示诚挚的感谢。由于时间和作者水平所限，书中难免存在不足之处，在此敬请广大读者批评指正。

　　感谢教育部人文社科规划项目（17YJAZH057）、首批国家级新文科研究与实践项目（2021090093）的支持。

卢　泉
2022 年 10 月

目　　录

第1章 绪 论

1.1 研究背景、目的与意义

1.1.1 研究背景

"三型"农业是资源节约型、环境友好型和生态保育型农业的简称。我国实施"两型"农业已经多年,但效果并不显著,根本原因在于没有从本质上把农业看成是一个生态产业,而且就资源谈资源、就环境谈环境,忽视了注重资源、环境、生态三者之间内在关系的生态保育型农业建设。农业既然是一种生态产业,就不能仅仅关注资源节约、环境友好,还应该上升到更高的生态层次,关注生态保育(朱立志,2015)。

2015年5月,农业部等八个部委共同发布《全国农业可持续发展规划(2015—2030年)》(农计发〔2015〕145号),提出要"加快发展资源节约型、环境友好型、生态保育型农业"。该规划在过去"两型"农业(资源节约型、环境友好型农业)的基础上提出了更加科学的"三型"农业(资源节约型、环境友好型和生态保育型农业),强调全方面转变农业发展方式,从改变拼资源消耗、拼环境安全、拼生态功能的粗放经营,到注重提高质量和效益的集约经营上来。自此,"三型"农业作为一个全新的理念出现,并成为新时期农业发展的方向。2016年10月,国务院《全国农业现代化规划(2016—2020年)》提出要"坚持生产生活生态协同推进。妥善处理好农业生产、农民增收与环境治理、生态修复的关系,大力发展资源节约型、环境友好型、生态保育型农业",标志着"三型"农业正式上升为我国农业发展的国家战略。

一个必须关注的事实是,与一般农业发展模式相比,"三型"农业模式具有较强的资源保护、环境治理和生态修复等方面的正外部性,但同时却承担着直接经济投入的增加,甚至较大的机会成本,必须实施扶持政策,建立激励机制,引导农业生产者的行为向"三型"农业对接(朱立志,2016)。生态补偿机制作为调整相关利益者因保护或破坏生态环境活动产生的环境利益及其经济利益分配关系的经济激励机制,对于改善、维护和恢复生态系统服务功能具有重要意义。

当前,水资源问题对塔里木河流域"三型"农业发展的制约作用日益凸显。作为我国最重要的绿洲农业区,塔里木河流域是我国乃至世界上最干旱、水资源供需缺口最大、生态最脆弱的区域之一,同时也是农业用水比例最高、水资源利用效率最低的区域之一。水资源的极端匮乏、农业用水的无序扩张和用水效率的极端低下,极大地挤占了生态用水,使得农业

1

生态系统持续恶化。塔里木河流域位于塔克拉玛干沙漠边缘,气候干旱少雨,林草植被稀少,生态环境脆弱,农业发展主要以引水灌溉为主,属于典型的"绿洲经济"。水不仅是农业的命脉,也是整个国民经济和生态系统的命脉。塔里木河流域总水量为 $430.77 \times 10^8 \text{ m}^3$,可供用水总量 $362.45 \times 10^8 \text{ m}^3$,其中农业用水 $303.98 \times 10^8 \text{ m}^3$,占 93.12%;人均用水量 2 731.41 m^3,大约是全国人均用水量的 6.6 倍。农业综合亩均灌溉水量为 766.64 m^3,万元工业增加值用水量降低 30%。万元 GDP 用水量达到 790.99 m^3,是全国平均用水量的 5.6 倍之多(新疆维吾尔自治区统计局,2022)。通常一个国家和地区的水资源总量中至少应有 60% 用于维持生态环境(岳晨 等,2021)。塔里木河流域维持生态健康最低需水量为 258.46 亿 m^3,扣除生态补给水量(11.12 亿 m^3)及尚未开发水资源量(68.32 亿 m^3),至少还需 179.02 亿 m^3 的生态用水。仅农业用水和生态需水量就高达 $476 \times 10^8 \text{ m}^3$,远超流域供水总量,且高于流域总水量,水资源供需缺口极大。自 2001 年国务院批准《塔里木河近期综合治理规划报告》以来,国家投资 1.07×10^{10} 元对塔里木河流域进行综合治理,下游生态环境得到明显改善。但与此相对应的是,2001 年以后塔里木河流域耕地面积扩张迅速,土地开发强度加大。流域耕地面积由 2001 年的 $354.28 \times 10^4 \text{ hm}^2$ 扩大到 2010 年的 $422.92 \times 10^4 \text{ hm}^2$,在 10 年间增加了 20%(陈亚宁,2014)。农业用水的无序扩张和用水效率的极端低下,极大地挤占了生态用水,难以保证对干流的输水任务,使得下游生态系统持续恶化,国家的治理成果几付东流。

由于特殊的自然生态环境,塔里木河流域绿洲农业生产又主要依赖于灌溉,农业产业结构调整存在很大困难。加之塔里木河流域的产业结构目前仍然处在以农业生产与农副产品加工为主的阶段,加上城市化发展水平低,二、三产业吸纳劳动力能力有限,农业依然是农民特别是少数民族农民增收的主要来源。农业作为支撑产业的塔里木河流域聚居着新疆 68.3% 的少数民族人口。通过单纯的"节水""减水""控水"政策在一定时期、一定程度上会降低农业生产者特别是少数民族农民的经济收益,激化社会矛盾,无法协调"生产生活生态"的矛盾,违背"三型"农业发展的初衷。2017 年 9 月,中共中央、国务院印发《关于创新体制机制推进农业绿色发展的意见》提出"建立节约高效的农业用水制度","加快建立合理农业水价形成机制和节水激励机制,切实保护农民合理用水权益,提高农民有偿用水意识和节水积极性"。同年,新疆维吾尔自治区发布《关于健全生态保护补偿机制的实施意见》指出"积极探索建立耕地保护补偿制度和以绿色生态为导向的农业生态治理补贴制度,对生态退化区实施耕地休耕以及减少农药、地膜使用者给予资金补助"。对于塔里木河流域来说,推进塔里木河流域经济社会发展,必须在保护水资源的前提下,协调农业用水与生态用水的矛盾,走"三型"农业发展之路,促进"生产、生活、生态"协同推进,实现"资源节约、环境友好、生态保育";设计合适的农业节水生态补偿机制,使"补偿"成为农民乐于接受的"胡萝卜"。该机制是"三型"农业发展成败的关键和亟须研究的重要问题。

1.1.2 研究目的及意义

生态补偿将环境外部性和非市场价值转化为真正的经济激励。它是调整经济发展与环境保护之间利益关系的重要举措,受到了广泛关注(Kuylenstierna,2004;Amores et al.,2009)。"三型"农业作为一种全新的农业模式,无论是在理论还是在实践上都处于探索阶段。特别是引导农业生产者的行为向"三型"农业对接的生态补偿机制的研究目前尚处于起步阶段。相较于其他区域,塔里木河流域绿洲农业自身的脆弱性、农业生态系统的不稳定性,特别是对水资源的严重依赖性和水资源的严重匮乏性的矛盾,均决定了推进流域"三型"农业发展的补偿机制的重点在于水资源。如何构建合适的流域水资源生态补偿机制以协调这一特殊区域农业发展、生态保育与农民增收之间的矛盾,推进"三型"农业发展,以往关于其他区域生态补偿的研究无法提供满意的答案和借鉴。这就成为本研究的最重要意义所在。项目基于"三型"农业协同发展的内涵,对制约塔里木河流域"三型"农业发展的要素——水资源进行深入研究,实施塔里木河流域水资源保护生态补偿绿色协同机制作为完善生态补偿机制的重点举措,建立系统的生态补偿标准体系,探索多元化的生态补偿模式;通过剖析流域水资源需求现状与水资源承载力之间的矛盾、"三型"农业发展对水资源的要求与基于"三型"农业发展视角下水资源利用的改善和保护,揭示"三型"农业发展与水资源利用的作用机理,协同生态补偿的"立法、政策、主体、方式、工具"等,为实现塔里木河流域水资源协同治理和共建共享的长效机制提供依据。

因此,通过项目研究,获得流域水资源生态补偿机制影响因素,可以揭示"三型"农业发展下绿洲农业区、干旱区、重点生态功能区、民族地区等特殊地区的水资源生态补偿的特点和运行规律,丰富"三农"问题、民族问题、资源环境问题相关理论;研究成果可为当前推进"三型"农业发展下塔里木河流域生态补偿政策法规设计、建立长效生态补偿机制提供理论支撑。

项目的实施有利于改变全流域"先污染后治理"的传统发展模式,增强保护流域上、中、下游水资源及周边生态环境的积极性和责任感,推进塔里木河上下游社会生态文明建设和水资源生态修复;建立塔里木河流域水资源生态保护的长效机制,完善我国水资源保护的生态补偿体系和生态环境治理体系,实现流域水资源的可持续管理,具有重要的理论价值和现实意义。对于推动绿洲农业可持续发展、促进新疆长治久安、维护国家生态安全和社会稳定具有重要意义。

1.2 国内外研究现状

1.2.1 绿色发展及"三型"农业发展研究现状

21世纪是实现绿色发展与建立绿色文明的时代。按照生态规律重塑现有经济过程,在将环境影响降到最低程度的同时,创造更多就业岗位和收入的机会是绿色发展的宗旨(Soundarrajan,2016)。绿色发展是当前中国社会经济发展的主旋律。作为一种以"绿色"动力驱动的可持续经济发展模式,它最大限度地通过提升生产能力,通过科技减少环境污染,提高资源和能源的使用效率(Noh et al.,2010;何爱平 等,2019;查建平 等,2022),实现了环境保护与经济的良性循环,在更高的发展水平上实现人与环境的调整与再平衡(黄茂兴 等,2017)。

农业绿色发展是人类进入绿色文明时代的重要标志(严立冬 等,2013),是农业生产过程中践行生态文明的方式(刘子飞,2016),关系到国家粮食安全、资源安全和生态安全,关系到美丽中国的建设,关系到当代人民的福祉,关系到子孙后代的可持续发展。"资源节约、环境友好、生态保护、质量安全"是"三型"农业发展的深刻内涵。其中,资源节约是基本特征,环境友好是内在属性,生态保护是根本要求,质量安全是重要目标(韩长赋,2017)。与一般农业发展模式相比,"三型"农业发展在资源保护、环境治理和生态恢复等方面具有较强的正外部性,但同时却承担着直接经济投入的增加,甚至较大的机会成本,必须实施扶持政策,建立激励机制,引导农业生产者的行为向"三型"农业对接(朱立志,2016)。但目前的"三型"农业发展过程中伴有许多不足,存在认知理念模糊不清、产业体系不健全、科技支撑不足等问题(焦翔,2019),需要培育绿色产业链,治理农业面污染以及绿色科技创新等(王学婷,张俊飚,2022)。

如何通过实施农业绿色转型发展生态补偿政策,以在发展理念、水土资源保护等重点领域实现农业的绿色转型是一个重要的科学问题(于法稳,2016,2017)。而解决这一问题的重点在于在生态和农业二者之间做出政治选择,重新分配特定农民或地区群体之间的成本和收益(Van Grinsven et al.,2016),通过包括加强政府生态责任、相关补贴政策、加强虚拟水输出地区的农业节水技术以提升农业用水效率等方式,为主要农业区农户提供利益及生态补偿,以缓解水资源和生态系统的巨大压力(严立冬 等,2009;Wang et al.,2014;罗必良,2017;尚杰 等,2020)。

1.2.2 水资源开发活动对经济生态影响研究现状

"水资源"的概念有广义和狭义之分。广义是指水中可以直接或间接利用的各种水体和物质,狭义是指水资源在一定的技术水平下,人类可以直接利用的淡水资源,包括地表水资源、地下水资源以及土壤水。在本研究中,"流域水资源"主要是指狭义的水资源。左其亭等(2014)基于人水和谐的理念,提出了最严格水资源管理体系的研究框架,并在此框架下探讨了最严格水资源管理体系的核心体系和主要内容。目前国内外学者在对水资源开发引起水生态、水环境变化的问题研究中,主要有如下三个方面的研究。第一类是细化生态环境内容,将生态环境细化为若干关键要素,将水资源的开发活动作为影响因素来监测生态环境系统中某一个或几个关键要素的变化情况,包括水资源开发活动所引起的土地利用与覆被变化(Dixon,2002),局部气候和空气质量变化(鲍超 等,2008),水量、水质及生物多样性变化(D'Odorico P,2010),土壤质量变化(Ayzrza et al.,2010),植被变化、湖泊湿地变化以及土地盐渍化(王化齐 等,2019),生态安全以及生态承载能力(夏军 等,2022)。第二类研究则是宽化生态环境,细化水资源开发活动,将水资源开发活动进行分类,研究不同类型的开发活动如水利工程(Mainguet,1999;Poff et al.,2002;Armitage et al.,2014;Li et al.,2016)、调水(盛丰 等,2012;颜少清,2016)、开采地下水(丁宏伟 等,2012)、城市和工业用水(Fitzhugh,2014)、灌溉(杨胜天 等,2017)、耕地用水(马历 等,2019)、跨国边境用水活动(钟苏娟 等,2022)等对水资源和生态环境的差异化影响。对流域水资源分类开发有助于分析人类活动对流域水资源生态系统的影响,从而明确补偿行为的缘由,界定流域水资源保护生态补偿的主体和客体,根据补偿标准和补偿效率,确定科学的补偿方式(郑海霞,2010)。最后一类则是因地制宜,针对重点问题流域或地区进行水资源开发活动的跟踪研究,例如中东地区(Drake,2007)、中亚地区(Igor,2014)及我国长江经济带(刘红光 等,2019)、西北干旱区的水资源开发活动所引起的生态环境问题(钱亦兵 等,2013;邓铭江,2009;史恒通 等,2015;李青等,2016)及塔里木河流域水资源利用与经济增长的关系(Lu,2022)。

1.2.3 流域水资源生态补偿相关研究现状

作为一个生态系统,上游对流域的保护或破坏将影响下游的福利和生产成本,因此具有明显的外部特征。外部成本与外部效益的协调需要生态补偿机制的实现(Bosshard,Schlapfer,2005;Castro et al.,2001)。生态补偿将环境外部性和非市场价值转化为真正的经济激励。它是调整经济发展与环境保护相关主体之间利益关系的一种制度安排,受到了广泛关注(Kuylenstierna,2004;Amores et al.,2009)。流域水资源保护生态补偿是流域水资源保护和生态环境建设的利益驱动机制、激励机制和协调机制,国外对其研究主要侧重于构建出立体化的补偿模式,而国内的相关研究则是集中于区域间的差异化制度的具体实施与运行。

1. 国外学者对流域水资源保护生态补偿相关研究现状

早在1990年左右,国外学者就形成了生态补偿的基本概念(Costanza et al.,1997),但对于生态补偿这一概念是用生态服务支付概念来替代使用,侧重关注于受益者对于付出者的补偿。国外学者对流域水资源保护生态补偿的研究多集中于对流域水资源优化合理配置及补偿方式的探索、流域生态补偿标准的计量界定等方面展开研究。

(1)流域水资源保护生态补偿的基本原理及制度设计。流域作为一个生态系统,它具有明显的外部特征。同时优质水资源作为一种公益物,具有一定的地域性特征,具有"准公共品"的特征,增加其使用需要提高其边际成本(Mahul,2001)。当生态服务供给者对水资源采取保护行为时,生态服务价值的增加使得社会净效益增加,而自身收益会降低(如土地本来的利用方式为牧场而获得的收益)。如果建立流域生态补偿制度,那么生态服务供应者可以得到一定的补偿,生态服务供给者利益将得到有效保障,其保护生态环境的行为也可持续(World Bank,2006;Platais,2007),这便是水资源生态补偿的基本逻辑。流域水资源保护生态补偿的实现是一个外部性内部化的过程(Castro et al.,2001)。流域水资源保护生态补偿的驱动力主要来自需求侧和供给侧。从买家、卖家和中介机构的分类来看,政府仍然扮演着重要但不是主导的角色,尤其是在市场经济发达的国家,流域水资源保护生态补偿有52%是由需求方驱动的(Barnett et al.,2007)。鉴于此,针对流域水资源保护生态补偿出现了强调采用产权交易的科斯手段与强调政府责任的庇古手段之争。科斯强调采用上下游的产权交易达到流域水资源的最优保护(Mahul,2001),如法国自来水公司。而庇古手段强调的是政府提供作为公共物品流域水资源的责任(Enjolras,Sentis,2011)。流域管理机构通过支付机制代表政府向收入对象收取费用分配给生态服务功能的提供者,以刺激生态服务功能提供商继续修复或改善生态环境,从而实现生态服务的可持续供给,如美国田纳西州和纽约州的流域管理行为(Heimlich et al.,2008;Pagiola et al.,2007)。除了政府层面之外,企业在流域生态补偿中也发挥了很大作用(Sun et al.,2021)。吸引污染企业参与流域生态补偿治理过程,一方面可以提高企业保护意识,另一方面也能减轻地方政府财政压力(Shen,2021)。流域生态补偿经过几十年的发展,已从初步惩罚外部的负面影响性生态破坏行为转向鼓励正外部性生态保护行为。流域水资源保护生态补偿是一个复合运行系统,回答"补什么,谁补谁,补多少,怎么补,补的效率和效果怎样"的问题(Harmukh,2024)。流域水资源保护生态补偿机制就是这个系统的驱动力,通过内在(包括现金、实物、合作引导、培训等)和外在(包括中央政府,流域上中下游各级相应环境管理部门)两大动力作用,使得提供者参与到生态系统功能服务的修复和保护工作中来,保证子循环 A 或子循环 B 能够运行。特别是当受益者和受偿者在补偿标准无法达成一致时,外驱动力——流域水资源环境治理、合作协调小组将通过政策、标准等为受偿者主张权利,使得子循环 A 和子循环 B 重新运转起来(如图 1-1),这是科斯和庇古手段的综合运用。

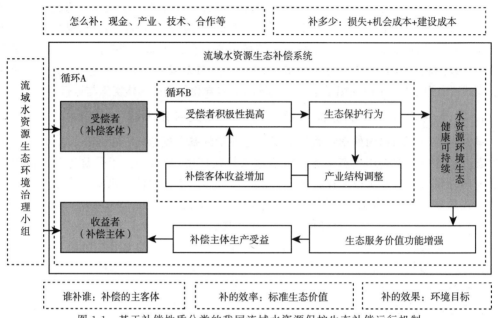

图 1-1 基于补偿性质分类的我国流域水资源保护生态补偿运行机制

(2)流域水资源生态系统的服务功能、价值及其计算。从流域水资源生态系统服务和人类福祉的角度来看,水资源生态系统服务一般分为供给服务、调节服务、支持服务和文化服务(Macmillan et al.,2006),这四种服务彼此相关(Boyd et al.,2007)。具体包括产品供应(淡水、水产品等)和调节功能(水源涵养、废物净化等)、生物提供(水生物多样性保护)和信息功能(文化、休闲娱乐等)(Castro et al.,2001;Bosshard,Schlapfer,2005)。20 世纪 80 年代中期以来,包括美国、加拿大、荷兰等 20 多个国家的政府、科研机构和组织开始探索流域水资源价值核算的理论方法,并提出了水资源价值补偿的具体措施。生态系统服务价值大类测算方法主要有显示偏好法和陈述偏好法(Asafu-Adjaye,2000)。作为陈述偏好法的一种,选择实验法被认为是目前最有效的方法(Macmillan et al.,2006;Holland et al.,2012;Johnston et al.,2011)。此外,计量模型和农业用水定价模型在测算中也被大量应用(Robert,2002;Cosgrove et al.,2004)。在研究范围上,很多著名学者更喜欢计算大范围的生态系统价值,比如:全球所有的生态服务(Costanza et al.,1997)、全球湿地(Schuyt et al.,2004)。因为流域水资源生态系统所提供的服务是一个动态的过程,有些服务可能出现域内产生域外作用的情况,而水资源的流向就成了生态服务价值评估的空间影响因素(Groot et al.,2002;Jain et al.,2014)。Chalazas 等(2017)利用"生态系统服务和权衡综合评估"模型评估了卡洛尼海湾的生态服务价值。综合来看,国外学者对于流域水资源生态服务功能价值的测算方法上偏向于对静态区域的评价,忽略生态服务功能在流域上下游不同区域间的交互作用(Wu et al.,2008),因而流域水资源生态系统的服务价值只能作为生态补偿的重要参考依据而不能直接作为补偿标准。对生态服务进行评估时,需要明确经济学与自然科学之间的规范关联。通过经济学与生态学的结合对于理解生态系统服务方面已经取得了进展;当然,这是一个新兴的研究领域(Fisher et al.,2017)。单纯运用数据的大多数模型已经不可避免地简单化了事实(Balmford et al.,2011)。诸多的高被引论文(Costanza et al.,1997)所使用的方法对相关研究与决策"产生了误导和潜在的偏差"(Balmford et al.,2011)。当代表不同生态系统服务的多个空间重叠信用单独出售以补偿不同的影响时,就会发生"信用堆积"而导致净环境损失(Robertson et al.,2014)。经济评估需要考虑人类生态系统与人类干预(生态系统服务与支付价值意愿之间的平衡)之间的联系和冲突(Angel et al.,2017)。除了从生态服务层面进行测算评估外,还有学者从社会经济认知、需求等层面进行评估来权衡未来流域管理和规划的水资源使用之间的关系(Castro et al.,2016)。随着人口增长和其他压力越来越大,社会必须更好地了解经济和以水为基础的生态系统之间的联系,寻求调节相互竞争的利益政策(Retallack,2021)。

(3)水资源生态补偿标准测算与确定。由于流域水资源生态服务具有明显的空间特征。只有选择成本最低的对象,通过补偿提供生态服务,才能实现环境效益的最大化(Kuylenstierna,2004)。机会成本法是确定生态补偿标准的一种被广泛接受和可行的方法(Amores,Contreras,2009;Whitaker,2009)。哥斯达黎加埃雷迪亚市收取"水资源和环境监督费"时,以土地机会成本作为上游土地使用者补偿标准。英国环境敏感区计划(ESA)的补偿标准反映了资产成本和机会成本,并允许农民参与交易过程。合同结束后,农民更有可能继续参与生态保护(Bosshard et al.,2005;Bulut et al.,2011)。受偿人的需求和受偿人的支付能力和意愿是流域水资源保护生态补偿的决定性因素,因此,应根据生态服务提供者的需求、受益人的补偿能力和支付意愿,通过博弈最终确定标准(Leathers,2001;Chambers et al.,2005)。如美国的卡茨基尔和特拉华流域生态补偿计划的制定中,美国政府还采用招标机制确保相关利益集团广泛参与,并遵循农民自愿原则,确定适合每个流域生态和经济条件的补偿标准。以这种方式建立的标准是不同利益相关者之间博弈的结果,能避免许多潜在的矛盾。英国学者的河流分类指数(RCI)提供了一个简单、快速和广泛的河流环境状况视图,明确了环境质量分水岭及对应的支持策略(Machado et al.,2020)。

(4)流域水资源保护生态补偿制度设计及实践研究。国外没有专门的生态补偿法律法规,但与水资源和流域密切相关、与农业能源和生态环境密切相关的政策、法律法规中含有关于生态补偿的政策和法律规定。20 世纪 70 年代以来,美国和澳大利亚、加拿大、丹麦等国开始征收排污费对水环境价值损失进行补偿(Robert,2007;Turvey et al.,2023)。国外流域水资源生态补偿实践主要有 3 种:政府主导模式、政府引导模式和市场交易模式。第一种主要有美国水源保护生态补偿、德国易北河(Elbe River)流域生态补偿。第二种主要有日本"资助农业生态治理"、哥斯达黎加国家林业基金等。第三种主要有厄瓜多尔皮马皮罗生态补偿保护基金、法国毕雷矿泉水公司的补偿实践等。国外生态补偿制度由于生态服务的供给者和受益者之间利益关系明确、产权制度较为完善,服务供需双方的数量适中并可清晰界定(Costanza,1997;Adamson et al.,2009),相关利益主体协商相对容易(Jenkins et al.,2004),同时受益者对生态服务功能的重要性认知较强(Castro et al.,2001),资源开发的成本能够内部化(Iglesias et al.,2003),因而易于快速实现生态有偿服务。其中,通过多标准评估框架(Moreno-Mateos et al.,2015),将补偿制度中利益相关者概念引入补偿管理中,建立"最小、基本、完全、最大"(MBCM)的四级赔偿标准,使不同部门能够清楚地了解各自的成本和收益。以体现公平,又体现责、权、利相统一的基本原则以及生态补偿主体多元化,形成政府和市场机制相结合的利益补偿体系,实现跨界水域生态保护的惠益分享和上下游合作是中国当前生态补偿政策法律制度中紧迫需要借鉴的(McIntyre,Owen,2015;Guo,et al.,2022)。

2.国内学者对流域水资源保护生态补偿相关研究现状

国内学者对生态补偿的研究起始于 20 世纪 90 年代。21 世纪后流域生态补偿开始成了研究热点。生态补偿概念经历了"生态环境治理－生态经济补偿－生态可持续发展"的渐进发展(肖加元 等,2013)。其涵盖了生态保护建设工程、生态修复与恢复治理投入以及通过财政转移支付手段给予保护者奖励和补助等主要内容(汪劲,2014)。随着社会经济的不断发展,资源短缺、人口增长和环境退化等压力日益增加,资源及水生态环境的变化对社会经济发展的影响应纳入综合安全的研究范畴(张翔 等,2005)。流域水资源保护生态补偿作为水资源管理的重要手段日益受到学界和政府的重视。而流域生态补偿对水资源的修复与保护,根据水的时空分布特征进行有效的调节和配置,有利于促进社会和谐发展(马莹,2014)。流域水资源保护生态补偿包括对因建设和保护流域水资源及其生态环境而产生的生态增益补偿和对因污染、破坏流域水资源及其生态环境而导致的生态损益的补偿(陈兆开,2008)。自 1988 年颁布《中华人民共和国水法》以来,后续包括《中华人民共和国水污染防治法》《中华人民共和国水土保持法》,开启了水资源的治理和保护之路;2013 年将社会资本纳入流域生态补偿之中,开启了多元化市场化生态补偿的局面。理论方面,包括外部性、博弈论、生态平衡理论、可持续发展理论、绿色发展等等,为该领域学者的研究和探索提供了理论基础和方向。

(1)流域水资源保护生态补偿的基本原则和补偿主体的支付意愿。流域生态补偿的主体为两类,即一切从利用流域水资源中受益的群体以及一切生活或生产过程中向外界排放污染物,影响流域水量和流域水质的个人、企业或单位,并将流域水资源保护生态补偿的基本原则明确为"谁开发谁保护、谁破坏谁恢复、谁受益谁补偿、谁排污谁付费"(中国生态补偿机制与政策研究课题组,2007),学者们围绕补偿主客体、支付主体、受偿主体以及补偿意愿、支付意愿的概念和相关方面进行界定和研究,其中补偿意愿的研究是热点。彭晓春等(2010)以东江为例,发现受教育水平、收入和水质对调查者的支付具有显著影响,受教育程度和收入水平越高的调查者,对流域生态环境服务产品支付的意愿越高,水质越好,调查者的支付意愿越强烈;肖俊威等(2017)基于 CVM 条件价值法对湘江流域 8 个主要城市的支付意愿的研究结果表明,居住地时长、到湘江的距离、流域生态环保意识以及居民对政府治理水生态环境的心理预期对支付意愿有显著影响。王奕淇等(2018)运用选择实验法构建 Mixed logit 模型对居民支付意愿进行考察,研究发现鼓励上游居民参与流域生态环境补偿,使河流面积、水土流失以及流域内动植物的数量等得到改善,可以增强中下游居民的支付意愿。周晨(2020)运用支付卡条件价值法,对南水北调水源区的农户进行考察,表明农户参与流域生态补偿意愿受到农户家庭经济社会特征、移民倾向、决策环境等因素的影响;张盼盼等(2017)根据环境经济学的相关原理,对塔里木河流域 2 400 名农民进行了调查,发现制度机制、民族习俗差异、惩罚效果和损失是影响兵团和地方以及上中下游居民支付意愿满意度的重要因素;李长健等(2017)运用CVM法构建logit模型对长江流域相关地区的居民的受偿方式进行了实证分析,结果表明文化程度、职业因素等对受偿方式的选择存在较强的影响,并提出了增强流域内居民环保意识、构建多元主体参与决策、调节政府与市场关系、协调社会系统和自然系统等对策。

(2)基于不同方法的流域水资源生态系统服务价值测算。谢高地(2008)在Costanza生态系统服务价值评估体系的基础上分别在2002年和2006年对中国700位具有生态学背景的专业人员进行问卷调查,得出了新的生态系统服务价值当量体系。张志强等(2001)以黑河流域1987年和2000年的LandsatTM图像解译数据为基础,通过离散型和连续性条件价值评估,最后结论表明,黑河流域2000年的生态服务功能价值比1987年减少32.658×10^8元。史恒通、赵敏娟(2015)应用选择试验模型法,对渭河流域陕西段流域生态系统服务的非市场价值进行评估,结果表明:渭河流域居民对水资源质量这一生态指标具有最高的支付意愿,对水土流失强度这一生态指标具有次高的支付意愿,而对自然景观这一生态指标具有最低的支付意愿;陕西省渭河流域生态系统服务每年的非市场价值为8.68×10^8元。卢新海等(2016)基于生态足迹模型测算长江流域各省份水资源超载指数,构建水资源生态服务价值的量化模型,计算各省份应当支付的生态补偿量。长江流域各省水资源生态服务价值总量高达93 700亿元,各省生态服务价值也都在3.1×10^8元以上。流域水资源生态服务价值呈现两端低,中间高的趋势,上中下游生态服务价值比例分别为44%、49%和7%。赵剑波(2017)利用资金投入与污染物排放量的关系,构建了基于污染物总量控制的流域水环境生态补偿标准量化模型。以化学需氧量(COD)为主要污染评价指标,计算了中国小红河流域2008年和2012年的水环境生态服务价值。江波等(2017)基于白洋淀湿地生态特征和受益者分析,综合运用市场价值法、替代成本法、个体旅行费用模型法和支付卡式条件价值法评估了白洋淀湿地的生态价值。评估结果表明:2011年白洋淀湿地生态系统服务总价值为35.55×10^8元。对所评估的8项生态系统最终服务按价值量从高到低排序,依次为调蓄洪水、休闲娱乐、淡水产品、原材料生产、非使用价值、水资源供给、释氧和固碳。其他的研究主要有石羊河流域(赵敏娟 等,2016)、塔里木河流域(努热曼古丽·图尔荪 等,2014;李青 等,2016,2018)。我国流域水资源生态服务功能评估、核算的理论和方法与国外还有很大的差距,很多评估理论和方法往往也是直接应用国外的理论和方法,还没有形成重大的理论突破。特别是在评估什么、如何评估、在多大范围内进行评估还需要认真思考(赵敏娟,2016)。生态系统服务价值是生态保护、生态功能区划、自然资产核算和生态补偿决策的依据和基础,但目前国内尚缺乏统一和完整的生态系统服务价值的动态评估方法(谢高地,2015)。

(3)流域水资源保护生态补偿标准的相关探讨。补偿标准是流域生态补偿机制的关键,是定量生态补偿的核心。补偿标准不仅能够合理衡量流域内生态服务的价值和成本,且能够被上中下游的受偿方所接受。目前,流域生态补偿的核算方法主要有以下五种:①支付意愿法(WTP),又被称为条件价值法。使用调查问卷等方式向沿岸流域内的补偿方了解对改善生态环境的最大支付意愿,或调查受偿方对流域所能接受的最低补偿值来衡量流域生态功能的价值(袁瑞娟 等,2018)。周晨(2015)基于对南水北调中线工程陕南水源地农民的问卷调查数据,采用支付卡(PC)条件价值法(CVM)对水源地农民的环境意识和支付意愿进行了调查。结果表明,水源地农户生态环境意识较好,支付意愿较高。赵素芹等(2020)以九洲下游居民用水为基础,采用条件价值法计算居民用水意愿,采用参数和非参数估计方法计算九洲盆地下游居民建筑生态补偿支付意愿为154.3元/(人·a)。②生态保护总成本核算法。简单来说把各项成本/支出相加,包括直接成本和间接成本。由于该方法未体现出双方收益的原则,生态保护者无法从流域生态保护中获得激励。因此,许多学者将总成本法计算的结果作为流域生态补偿的下限(郭庆 等,2022)。饶清华等(2018)以闽江生态补偿为案例,使用机会成本法,对传统总成本方法进行了填充。③生态系统服务功能价值法,将生态系统提供的资源和服务量化为经济价值,使用资源产生量来衡量生态服务的价值。张捷等(2020)利用生态元的核算方法构建各种生态资源数据库,建立起适合长江流域的横向补偿模式和机制。但该方法由于在实际应用中根据环境和条件差异不同,指标选取有所不同,误差很大,且计算出的补偿值偏高,经常作为流域生态补偿的上限。④水资源价值法,此方法是根据水资源价值分析经济效益,以经济效益的损失计算补偿值。周赞等(2017)基于水量和水质修正系数计算饮用水源保护区生态补偿标准。⑤水质和水量保护目标的核算方法。一种是基于流域上下游断面的水质目标,另一种是基于流域上下游断面的水污染物通量。流域上下游水质目标核算方法遵循"谁污染,谁治理"的原则;流域上下游断面水污染物通量核算方法是指超标断面根据超标污染物项目、河流水量(河流长度)和约定的补偿标准,确定超标补偿金额(赵卉卉 等,2014)。杨玉霞等(2020)基于黄河流域生态脆弱的现状,建立以水量为补偿核心、水质为生态补偿补充、重要涵洞水源地为生态补偿重点的横向补偿机制。

(4)我国流域水资源保护生态补偿制度研究。从本质上来说,我国流域水资源生态环境问题的出现是现行流域立法理念背离流域生态系统本质特性的直接结果。需要一种整体论的、在生态学上合理的、长期的、综合的、人道的世界观来指导流域的立法实践(普书贞 等,2011)。我国在农业资源保护、环境治理和生态修复方面的政策法规系统化还处于起步阶段(朱立志,2016),生态服务供需双方缺乏市场规制和配套措施的支持,实践中缺乏补偿标准的参考、项目监督评估和绩效考评制度,没有建立长效的补偿制度机制,使补偿不具有连续性和有效性(葛颜祥 等,2007;包晓斌,2013)。有关水资源权属的法律制度不明晰,政府部门资源管理权与经营权没有分离,这都制约着我国生态补偿难以获得较高的效率(刘晶,2014),补偿区域普遍存在着"生态不经济"与"经济不生态"的矛盾(陈作成,2014)。尽管我国在国家、区域、流域等尺度上的生态补偿实践取得了很大进展,但仍存在缺乏系统的制度设计、政府单方面决策为主与利益相关参与不够、补偿范围界定方法不科学、生态补偿对象和补偿方式不完善、补偿标准低、确定方法缺乏科学基础、缺乏监督机制和政策效果不明显等方面不足(欧阳志云 等,2013)。此外,我国目前流域水资源保护生态补偿方式多以政府投资或行政安排为主,行政色彩过于浓厚,常常导致补偿无效率或效率低下,补偿结果与预期的环境目标相脱节(聂倩,匡小平,2014),迫切需要建立符合国情的生态补偿法律保障机制要从制度上明确主客体及其权责利,并合理确定补偿标准和计价方法以及规范资金运营机制(包晓斌,2013;何艳梅,2017),同时需要构建科学合理的补偿考核评价体系(覃凤琴,2022)。目前主流的生态补偿科斯框架理论性太强,实践者往往无法模仿其构建的假定运行条件,在实践中面临着诸多挑战,使其难以推广与实施(赵雪雁,2012)。

(5)对生态补偿政策的评估也是当前国内研究的热点。徐大伟等(2015)以辽东山区生态补偿财政项目为案例,运用熵值法对经济、社会、生态状况相近的 27 县综合生态绩效进行计算、比较,经过统计分析初步发现绩效最好的县均是政策影响县。李秋萍(2015)利用 AHP 方法构建流域水资源保护生态补偿效率测度指标体系,并对中部地区城市宜昌 2005—2012 年流域水资源保护生态补偿的社会效率、经济效率、生态效率、文化效率、政治效率及综合效率进行实证分析。龚亚珍等(2016)以"国家生态补偿试点"的盐城国家级湿地珍禽保护区作为案例,根据对保护区附近 288 户农户的实地调查数据,研究采用选择实验法识别了农户对不同生态补偿政策方案的偏好情况。通过计量分析发现:补偿政策设计中补偿水平、合同年限、退出合同的权利、环境绩效等补偿政策属性显著影响农户参与意愿,其中合同年限与退出合同的权利对参与意愿影响最为显著。倪琪等(2022)基于纳入风险偏好和消费习惯的拓展的计划行为理论,利用结构方程模型探讨公众参与跨区域生态补偿行为的影响及内在机理。结果发现:公众的意愿、行为态度、主观规范和知觉行为控制对其参与行为具有显著的正向影响,而风险偏好型公众参与意愿更低、行为态度更消极、参与补偿所感受到的社会压力更大、行为控制程度的感知更强。

(6)国内流域水资源保护生态补偿模式及实现方式研究。在我国,流域生态补偿亦是根据各流域的实际情况制定补偿模式,主要以政府为主,市场机制为辅,政府主要通过资金补偿、财政补偿、政策补偿、生态彩票等手段来实现流域内的生态平衡。国内流域水资源生态补偿实践相较国外起步较晚,2005 年《浙江省人民政府关于进一步完善生态保护补偿机制的若干意见》的出台,标志着我国省域内正式以生态补偿的手段治理流域的开端。截至目前,我国已超过一半省份开展水资源生态补偿并出台相配套的政策。河南省在 2008 年开始启动省内流域水资源生态保护补偿试点工作。2016—2021 年各省陆续启动了引滦入津上下游横向生态补偿、黄河流域横向生态补偿(刘迎旭 等,2019;马军旗 等,2021;王赛花,2021)等一系列补偿实践。刘世强(2011)提出了流域源头保护的三种补偿模式:一是以流量为基础区域水源保护政府项目补偿模式,二是基于水污染控制的跨区域项目补偿,三是基于水资源短缺的区域补偿模式、水权交易补偿模式。但在具体实践中,政府补偿由于资金来源单一、资金缺口较大;流域生态服务产品定价不合理;补偿容易脱节,有违背"谁收益谁补偿"原则的情况,不足以体现补偿各主体的权责统一,很难实现资源与经济发展的良性发展,必须引入市场补偿竞争机制(葛颜祥 等,2007)。要建立多元化的政府和市场相结合的长效补偿机制,实现内生性资金供应与外部性资金支持"协同发力"(郑云辰 等,2019;赵晶晶 等,2022)。曹建清(2011)以湘江生态效益为例,提出了准市场交易模式。郑雪梅(2017)在德国生态补偿的基础上,分析了中国省际的转移支付制度,提出建立以生态基金模式为核心的横向转移支付运行机制,以及与其他多元化补偿模式并存的流域生态补偿模式,但如何协调相关利益者的利益矛盾,实现利益相关体的合作共赢,是一个重要的研究问题。

1.2.4 国内外相关研究述评

总体来看,国内外学者对于绿色发展、"三型"农业发展、流域水资源开发对生态环境的影响、流域水资源保护生态补偿及其协同机制的理论现状与实践动态都做了大量的研究,也取得了大量有价值的研究成果。国外学者对流域水资源保护生态补偿的研究多集中于对流域水资源优化合理配置及补偿方式的探索、流域生态补偿标准的计量界定等方面。国内学者在理论研究与探索的基础上,对国内部分流域有效的生态补偿实践进行探索,并验证其对流域水资源的保护与修复起到的积极作用,国内流域水资源保护生态补偿从政策宏观研究逐步进入数学定量研究阶段。国内外相关研究为本项目的开展奠定了坚实的理论基础,但仍存以下缺口亟待完善。

(1)国内外绿色发展和流域水资源保护生态补偿多为各自独立的研究领域,极少看到二者关系的交互研究。尚未见到在"三型"农业发展的框架下讨论流域水资源的生态补偿问题的研究。以往文献,虽然对流域水资源对农业资源利用、农业环境、农业生态、农业结构调整的影响有研究,但是流域水资源保护生态补偿对"三型"农业发展的影响机理及二者的逻辑关系尚需要深入研究。

(2)国内外研究主要集中于水资源开发对经济生态系统的作用,但农业生产对水资源的反作用研究尚有不足。

(3)国内外对于"三型"农业发展的研究更多的是对其含义及实现方式的定性研究,缺乏定量研究。对于绿色发展,其定量研究也基本集中在绿色发展效率的测度,极少有绿色发展机制及其影响因素的定量分析。

(4)国内外许多研究没有严谨地界定生态系统中间服务(功能)与最终服务之间的区别,从而产生了结果的偏差。而补偿标准的计算也因方法的多样化导致了同一区域计算结果的差别。亟待从机理剖析角度出发,结合塔里木河流域水资源的科学配置与管理实践,构建适合的理论框架和技术体系以便形成公认的成熟计算体系。此外,国外大部分研究集中在国家或区域层面的大尺度空间,在范围与规模选择上存在误区。

(5)国内外流域生态补偿研究很多,但对塔里木河流域这一特殊区域的研究比较少。对塔里木河流域现有研究也多是关注其生态价值和水资源开发利用,对其生态补偿机制研究还不多见。上述种种都为本研究提供了拓展空间。

1.3 研究内容、研究方法与技术路线

1.3.1 研究内容

1.塔里木河流域生态环境与水资源概况

主要为研究区自然地理概况及水资源概况。包括水资源量、水质污染及重大水利工程对农业发展的影响。

2.塔里木河流域农业用水的经济效应分析

运用主成分分析法、数据包络分析法对塔里木河流域各行政区域的用水效率进行测算。包括基于脱钩指数对水资源利用与经济发展关系的分析以及农业用水与种植业水资源利用的偏差反应。

3.拓耕塔里木河流域农业用水的生态效应分析

将农业生产对水环境的负外部性通过污染物排放及水资源生态承载力表现,得出塔里

木河流域各地区超耕面积。

4.塔里木河流域水资源生态补偿主体界定(基于博弈论)

包括塔里木河流域水资源生态补偿核心利益相关者识别及其行为、塔里木河流域水资源生态补偿核心利益相关者博弈分析(中央政府与地方政府、地方政府与微观主体、源流区与干流区、兵团与地方的博弈分析及均衡状态)。

5.塔里木河流域水资源生态补偿标准的测算

以经济学相关理论与千年生态系统评估(MA)分类方法,基于全价值链对塔里木河流域水资源生态服务系统价值进行测算,综合构建塔里木河流域层面生态补偿的理论框架、指标体系及价值评估方法。结合水资源生态赤字面积得出塔里木河流域生态亏损价值,作为生态补偿上限,构建国家及地区之间的生态补偿关系;结合超耕面积,以种植业机会成本法测算超耕面积下的补偿额度,作为生态补偿下限,同时构建产业尺度下水资源生态补偿关系。

6.塔里木河流域水资源生态补偿方式选择

基于农户调查问卷,设置包括政府资金补偿、安排就业、提供就业指导、实物补偿、提供生产生活资料等 5 种补偿方式。根据个人特征、认知特征和地区特征三大类共计 13 个变量,探讨不同变量特征对补偿方式作出的选择。

7.主要结论及政策启示

包括:①基于"三型"农业发展的塔里木河流域水资源生态补偿机制的基本原则与思路。②基于"三型"农业发展的塔里木河流域水资源补偿机制的基本内容框架。包括政府主导机制、合作动力机制、责任分担机制、运行保障机制、平等协商机制、利益平衡机制、信息共享机制、监督评估机制等。③基于"三型"农业发展的塔里木河流域水资源生态补偿机制的政策建议。包括政策、法律、主体、区域、手段、工具等。

1.3.2 研究方法

(1)采用文献、问卷、访谈与实地考察三种方式进行资料收集。一是通过文献资料梳理相关研究进展。二是通过发放问卷收集塔里木河流域生态补偿方式、补偿标准和各利益体对生态补偿的需求、参与、影响、评价等资料。

(2)运用主成分分析法、数据包络分析法对塔里木河流域各行政区域的用水效率进行测算。用 Tapio 的脱钩弹性模型和水资源承载力来衡量"三型"农业发展对流域水资源利用的经济与生态效应分析。

(3)基于生态价值当量(谢高地,2015)和生态赤字计算塔里木河流域各行政区水资源生态经济剩余价值,确定流域水资源生态补偿区域及补偿标准上限。

(4)基于博弈理论,通过建立演化博弈模型,对塔里木河流域水资源生态补偿利益相关者进行识别,并对他们之间采取的策略进行博弈分析,甄别水资源生态补偿的主客体。

(5)通过种植业机会成本法,采用生态赤字率下的超耕面积进行水资源补偿标准测算。探讨了流域种植业发展和水资源利用之间的关系。

(6)运用多元 logit 模型(multinomial logit model)研究补偿方式选择。

$$\text{logit } k = \text{logit } \frac{\amalg_k}{\amalg_n} = \boldsymbol{B}_k \boldsymbol{X}, k=1,2,\cdots,n-1,\text{此处}$$

$$\amalg_k = \frac{\exp(\boldsymbol{B}_k \boldsymbol{X})}{1+\sum_{k=1}^{n-1}\exp(\boldsymbol{B}_k \boldsymbol{X})}, \amalg_n = \frac{1}{1+\sum_{n+1}^{n-1}\exp(\boldsymbol{B}_k \boldsymbol{X})}.$$

其中,$\boldsymbol{B}_k$ 是 $n+1$ 个回归系数(包括截距)组成的向量;$\boldsymbol{X}$ 是相应的解释变量组成的向量,具体包括个人特征、认知特征和地区特征三大类共计 13 个自变量。因变量包括资金补偿、安排就业、提供就业指导、实物补偿、提供生产生活资料等五种生态补偿方式。

1.3.3 技术路线

本研究的技术路线设定如图 1-2 所示。

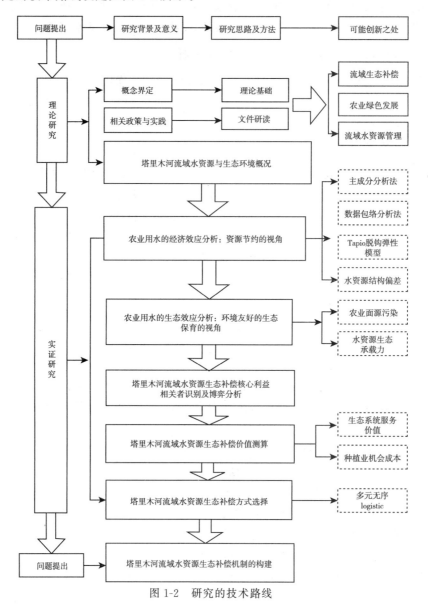

图 1-2　研究的技术路线

1.3.4 研究的创新点与不足之处

1. 研究的创新点

(1)"三型"农业作为一种全新的农业模式,无论是在理论还是在实践上都处于探索阶段。特别是引导农业生产者的行为向"三型"农业对接的政策保障和激励机制的研究目前尚处于起步阶段。以往生态补偿研究中大多是从经济社会发展的宏观视角关注流域上中下游补偿关系的建立、补偿手段的运用等,很少从某个产业发展的角度去关注水资源生态补偿问题,尤其基于"三型"农业发展视角进行研究几乎没有。区别于上述研究,本研究基于"三型"农业发展这一特定框架讨论流域生态补偿问题,是一次全新的探索。

(2)塔里木河流域是我国乃至世界上少有的绿洲农业区、干旱区、重点生态功能区、民族地区耦合的特殊地区。相较于其他区域,具有更加特殊的研究意义。由于城镇化发展缓慢,二、三产业吸纳劳动力有限,农业在塔里木河流域社会经济发展特别是吸纳少数民族农民就业、增加其收入中处于绝对重要地位。通过单纯的"配水""控水"等行政手段来实现水资源保护在一定时期、一定程度上会降低农业生产者特别是少数民族农民的经济收益,激化社会矛盾,影响国家安全和社会稳定。对于如何协调这一特殊区域生态、经济、社会三大系统之间的矛盾,以往关于其他区域生态补偿的研究很少能提供满意的答案和借鉴。区别于以往关注内地发达地区和大江大河(长江、黄河)流域研究,本研究着眼于这一特殊区域,通过分析农业发展对生态环境的影响,揭示这一特殊的水资源生态补偿的特点和运行规律,对于促进新疆长治久安、维护国家生态安全和社会稳定具有重要意义。

(3)虽然关于生态服务系统价值、生态补偿标准的研究已实现了量化,但是以往生态补偿机制的研究却以定性研究为主。区别于上述研究,本研究通过层次分析法评价现行水资源生态补偿机制的效率,并通过博弈确定补偿主体及其行为,在此基础上测算补偿标准,并创造性地提出水资源生态补偿赤字率这一概念,借助这一概念计算了流域各地区水资源生态赤字情况和理论上的退耕面积。并通过问卷设计了解补偿方式需求,为设计更加适合的生态补偿机制提供更为准确的决策参考。

2. 研究的不足之处

(1)本研究通过种植业机会成本法,依据水资源生态赤字率得到各地区超耕面积,以此确定塔里木河流域种植业机会成本价值。其中通过考核塔里木河流域的污染物排放量(折算成相应的污染治理成本)、生态资源价值量、用于污染物治理的经济投入 3 个关键指标,即可计算出塔里木河流域的生态经济价值的盈亏状态。但未将选择实验法运用到生态补偿标准测算过程之中。其中,生态系统服务价值的测算将流域与地区结合,为计算方便,对流域经过的行政区域做了一定处理,将巴音郭楞蒙古自治州与阿克苏地区按照其所在区域中干流占比计算,分别归类在开都-孔雀河与阿克苏河,克孜勒苏柯尔克孜自治州归为阿克苏河,喀什地区归为叶尔羌河,和田地区归为和田河,这和流域的实际情况可能存在一定差异。

(2)在进行补偿方式的选择时,基于对塔里木河流域农户调研数据,运用多元 logit 模型研究补偿方式选择,本研究对填写的样本有明确的要求和严格的限制,但主要基于被补偿主体即农户层面,仍存在一定的局限。

(3)塔里木河流域水资源生态补偿是一个系统工程,问题比较复杂,不同区域环境、状况往往存在着巨大差异。因此,构建合理的水资源管理组织,运用科学有效程序对补偿区域界定、相关主体精确识别、补偿方式明确选择、补偿标准测算才能使补偿机制更完善且更具实效。本书仅从演化博弈角度探讨了塔里木河流域管理部门及地方政府之间的策略均衡,但未细化讨论塔里木河流域水资源管理体制的合理性,比如其在生态补偿和保护政策实施工作方面的效率水平测算等。

第2章　相关理论基础与政策梳理

2.1　相关概念界定

2.1.1　绿色发展及"三型"农业发展

绿色发展是一种高效、和谐、可持续的新型发展模式。当今世界,绿色发展越来越成为一种趋势,许多国家制定了绿色发展道路,将绿色产业作为下一个经济增长点。从内涵上看,绿色发展模式是在传统发展基础上所进行的创新,是在生态环境能力和资源承载能力的约束下建立起来的,把环境保护作为可持续发展的重要支柱。具体而言,它包括以下几点:第一,环境资源应被视为社会经济发展的内在要素;第二,绿色发展的目标是实现经济、社会和环境的可持续发展;第三,坚持把绿色农业生产过程和交易过程"绿色化"和"高效化"作为发展的主要内容和方式,绿色发展是指人与自然和谐相处,以绿色、低碳、环保为准则,坚持把生态文明建设作为建设的基础出发点,坚持底线思维。而农业是国民经济的基础,社会发展的基础,农业绿色发展一经提出,受到了社会和广大学者的关注,成为农业转型和升级的总方向。农业绿色发展中,农业是主体,绿色是目标,发展是核心,走一条绿色、高效、节约的农业绿色发展道路。实现农业绿色发展是缓解我国农业发展中生态环境压力和资源短缺的必然选择,也是满足人民日益增长的美好生活需要的客观需要,对于农业绿色发展的定义,各位学者有不同的见解。学者陈健指出,农业绿色发展就是以节约、高效、可持续发展的基本要求,采用先进的生产技术、设备和管理理念,提升农业综合效益,实现资源节约与环境友好型农业,注重资源合理配置和高效利用,走一条"绿色、高效、协调发展"的现代化生态农业道路。学者尹昌斌认为,农业绿色发展需要采用高新技术,从而形成现代化的生产体系,通过营销、宣传、流通等环节,确保绿色农产品在整个生产过程中的质量,最终实现绿色农业可持续发展,实现农业现代化。学者金淑琴将绿色农业定义为净化、质量改善、高效三个层次。还有学者认为农业绿色发展应该注重水质和耕地质量,特别是重点农产品的生长环境,这是保证绿色农产品质量的根本。

可见,农业绿色发展是指农产品高质量发展,更加注重资源节约、环境保护、质量优良,以环境承载力和土地质量为基础,以节约资源和高效利用为特征,以保护环境为要求,以绿色农产品为目标,构建人与自然和谐相处的新型农业绿色发展模式。其本质是有效转变传统生产模式,从之前的依赖资源、高投入、粗放型经营转向高质量、高效益的新型集约式绿色农业模式,以确保国家粮食安全、农产品可靠以及促进农民收入持续增长。

2.1.2 "三型"农业

农业绿色发展的根本内涵就是"资源节约、环境友好、生态保育、质量安全"(韩长赋,2017)。而"三型"农业是资源节约型、环境友好型和生态保育型农业的简称。国务院《全国农业现代化规划(2016—2020年)》提出要"坚持生产生活生态协同推进。妥善处理好农业生产、农民增收与环境治理、生态修复的关系,大力发展资源节约型、环境友好型、生态保育型农业",标志着"三型"农业正式上升为我国农业发展的国家战略。可见,发展"三型"农业是实现农业绿色发展的现实实践和最好注解。与一般农业发展模式相比,"三型"农业模式具有较强的资源保护、环境治理和生态修复等方面的正外部性,直接体现了农业绿色发展的根本内涵。但无论是环境的保护还是生态的保育,均意味着直接经济投入的增加,甚至较大的机会成本,必须实施扶持政策,建立激励机制,引导农业生产者的行为向"三型"农业对接。

2.1.3 生态补偿

生态补偿机制作为调整相关利益者因保护或破坏生态环境活动产生的环境利益及其经济利益分配关系的经济激励制度,对于改善、维护和恢复生态系统服务功能具有重要意义,故而成为生态经济学领域的热点问题之一。

尽管国内外对生态补偿的定义仍存在诸多争议,但随着对问题认识的深化,学者们大致形成了从"物-物"关系到"人-人"关系的系统认识。

第一种观点认为,生态补偿源于自然生态补偿。《环境科学词典》将其定义为生物有机体、种群、群落或生态系统缓解干扰、调节自身状态和维持生存的能力,或可视为受到干扰时生态负荷的恢复能力。这是生态补偿的直观解释,着重强调了自然生态系统的自我修复功能。叶文虎等人认为,自然生态补偿是自然生态系统对社会经济活动对生态环境造成的破坏的缓冲和补偿功能,主要强调人类社会经济活动对生态的影响,以及自然生态系统的缓冲-适应能力。

第二种观点认为,生态补偿就是在有限资源条件下,人们采取措施确保生态环境的质量或功能,以达到确保区域生态平衡的目的。Cuperus等(2005)认为,生态补偿的定义是一种在发展过程中对生态功能和质量造成损害的补贴。这些补贴的目的是改善受损区域的环境质量,或创造具有类似生态功能和环境质量的新区域。1983年美国政府的"湿地补偿银行"制度(wetland compensation banking system,WCBS)也指出,生态补偿是通过改善、创造或培育湿地或其他自然栖地,以取代因为开发而造成湿地或自然栖地面积或功能上的损失。

第三种观点从利益关系角度出发,指出生态补偿是将生态保护的外部性内部化,是一种对行为或利益主体的补偿。1992年《关于环境与发展的里约宣言》和联合国《21世纪议程》明确指出,在制定环境政策方面发挥补充作用的主要是市场、价格以及政府财政和经济政策;生产者和消费者的决策中可以反映出环境成本;价格应反映资源的全部价值和稀缺性,且在遏制环境恶化中有一定的效果。章铮认为,生态环境补偿是为了保护生态、防止生态被破坏而征收的费用,根本的目的在于将外部成本内部化。庄国泰等人认为,生态环境补偿是对自然生态环境价值的补偿,是承担破坏生态环境成本的责任。生态环境补偿的目的是利用经济手段制约破坏生态环境的行为。王勤民将生态补偿定义为对生态环境造成损害或不利影响的生产者、开发商和经营者应当对环境污染和生态破坏进行补偿,并对因当前使用而废弃的环境资源的未来价值进行补偿。

显然,这里的生态补偿主要意义在于表明资源的有偿使用原则。从理论上看,这类生态补偿类型的依据有两个:第一,资源的匮乏性。经营者的行为在一定程度上减少了社会未来的选择机会,形成了地方利益与全社会平等分担资源成本的关系。因此,资源的经济受益人有义务对社会做出一定的价值补偿。第二,征收生态补偿税的目的是通过提供经济刺激,减少对生态环境的破坏,抑制纯资源消耗的经济增长,提高生态资源的利用率,尽量减少经营者的资源利用行为所造成的直接环境损害。

随着人们对环境问题越来越关注,政府开始高度重视生态环境的保护和建设。国家"十一五"规划明确提出,要坚持预防为主、综合治理,强化从源头防治污染和保护生态,坚决改变先污染后治理、边污染边治理的状况。生态补偿的概念也从对污染生产者的制约到改变生态环境保护和建设者的财政转移补偿机制,将生态补偿机制作为利益驱动机制、激励机制和协调机制,调动生态建设的积极性,促进环境保护。从这个意义上讲,生态补偿还应包括对因环境保护而失去发展机会的地区的居民进行资金、技术、实物和优惠政策补偿,以及用于提高环境保护意识和提高环境标准的教育和科研支出。尚海洋等(2015)将生态补偿定义为对破坏(或保护)资源和环境的行为收费(或赔偿),增加此类行为的成本(或收入),鼓励减少破坏性行为的主体数量,减少其行为引起的外部不经济,从而达到保护资源的目的。

综上所述,生态补偿不仅包括生态环境功能和损害的直接补偿,还包括对生态环境密切相关的群体的利益调整。

2.1.4 流域水资源生态补偿的概念

流域水资源生态补偿是以政策、市场等手段,调整流域区域内经济、社会、生态关系,实现流域水资源合理分配、高效利用及生态环境改善。对于流域生态补偿的定义,可以从广义和狭义两个方面进行界定。其中广义是指流域水资源被污染或者破坏所造成生态环境受到的损失以及对流域水资源生态保护而产生的生态收益的补偿。主要包括:①流域内水资源或者水环境被污染或者被破坏的价值损失补偿;②对保护和恢复水资源、生态环境及其功能产生的生态效益所进行的补偿;③在开发和利用水资源的过程中,造成水资源或者水环境生态功能及环境被破坏以及生态价值受损,应该给予赔偿。鉴于塔里木河流域的特殊情况,本书的流域水资源生态补偿指的是在流域农业开发的过程中,所造成的水资源及环境生态功能被破坏所导致的生态价值受损的补偿。

我国生态补偿起步较晚,虽然目前与发展状况相适应的生态补偿制度仍尚未完备,但生态补偿制度已成为我国现阶段流域水资源治理的重要手段,省域内及省域间正在积极建立流域生态补偿尝试探索,发展完善流域生态补偿机制。经济快速发展往往伴随着一系列流域水污染问题,以及水土流失、土壤盐碱化和植被破坏、水质下降等环境问题,对生态环境系统造成了严重的危害,制约着我国经济社会的可持续发展等等,这些问题亟待解决。

2.1.5 "三型"农业发展与流域水资源生态补偿之间的逻辑机理

1.流域水资源生态补偿助推"三型"农业发展的内在机理

1)助推农业绿色可持续发展

当前塔里木河流域农业发展面临水资源的约束日益明显,特别是中下游地区水资源分配不均乃至不足,要想实现流域内社会经济可持续发展,就必须建设合理的、可行的、循环的流域水资源生态补偿机制。这与其内涵不谋而合。整体来看,流域水资源生态补偿机制对推进农业绿色可持续发展具有重大意义。一是有助于缓解中下游地区用水不足的问题。由于塔里木河中下游地区经济发展落后,地方(非兵团)的农业生产具有弱质性、薄弱等特点,出现农业生产水平低、技术落后、农业用水效率低、用水强度过大等问题,使得农业绿色发展滞后。这样的现实要求建立流域水资源生态补偿制度,尤其是农业水资源利用补偿制度。因此,流域水资源生态补偿机制的制定和落实有利于助推"三型"农业发展。二是有助于农业高质量发展。随着社会经济的发展,"三型"农业越来越被社会所关注。2022年,中央一号文件在"聚焦产业促进农村发展"部分指出,要推进农业和农村绿色发展。流域水资源生态补偿机制支持"三型"农业发展,促进农业发展,促进农户增收。此外,将流域生态补偿所提供的资金使用到"三型"农业发展的各个方面,有利于促进农业现代化的发展。三是有助于提高中国农产品的"绿色"要素,确保食品安全,提高竞争力。目前,一些发达国家凭借自身的技术优势,利用环境保护和人民健康,对绿色农产品设立关税壁垒。通过流域水资源生态补偿,可以提升农产品质量,从根源上缓解食品安全问题,提高我国农产品的竞争能力。

2)助推农业生产环境治理

农业生产发展前期,造成严重的环境污染,如过量使用农药、薄膜、肥料等。同时,农村地区生态基础设施建设相对滞后,如垃圾、污水处理池等,关于农业生态环境和治理的意识相对较弱;此外,我国目前依然存在城乡二元制结构,导致城乡环境二元化严重,城市高污染企业向农村地区转移,污染环境,污染水资源,不仅影响农业绿色发展,还加剧了农村地区的环境污染程度。流域水资源生态补偿机制可以促进农村生态环境基础设施建设,有效管理农业地表污染,促进绿色生态农业发展,促进农业生产保护和建设生态环境以及耕地资源的可持续性利用。同时,流域水资源补偿提供的补偿资金还可以盘活农村资源,鼓励农民就业创业,更有利于促进乡村生态文明建设。

3)助推传统农业向"三型"农业转型

近年来,国家政策多次强调了"三型"农业发展。流域水资源生态补偿机制的积极选择和战略定位是参与流域环境治理,支持绿色发展。以绿色发展理念,对整个流域推广"三型"农业,可使得传统小农行业转型,助推"三型"农业健康发展。这也意味着农业绿色发展将是一场深刻的变革。

2.流域水资源生态补偿机制助推"三型"农业发展的逻辑框架

综上所述,流域水资源生态补偿机制助推"三型"农业发展的任务有:助推农业绿色可持续发展、农业生产环境治理、传统农业向"三型"农业转型。要想实现三大任务,需要从各方面入手,从而构建流域水资源生态补偿机制助推"三型"农业发展的逻辑框架(图2-1)。

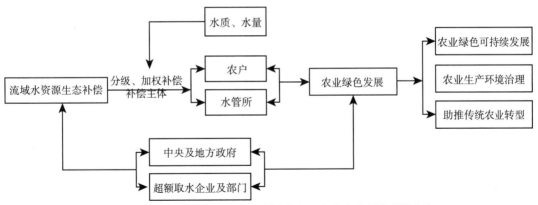

图 2-1　流域水资源生态补偿机制助推"三型"农业发展的逻辑框架

2.2　理论基础

2.2.1　自然资源视角下生态补偿的理论依据：生物共生性原理

生物共生性原理：生物共生性是指两个及以上的有机体生活在一起的相互关系,通常指一个生物在另一个生物体内或者体外共同生活互为利好的关系。其性质决定了人们务必通过生态补偿的方式保持各种生物资源之间的平衡,保持人与自然之间的和谐相处以及平衡,不然共生效应会导致某种生物资源的减少或者增多而带来种群之间的相互抑制,进而引起生态环境的恶化,甚至整个生态系统的衰退或者弱化。根据其原理可知,只有各系统在环境承载能力之内保持相对平衡,才能和谐共生。对于社会经济和生态系统而言,只有经济的发展及其对环境的破坏在环境系统的承载能力内,两大系统才能协调发展。根据共生性原理,必须加强生态补偿,不仅需要对生态系统进行保护,还要通过造血、补能提升其提供生物资源与生态服务的能力,还要对良好生态资源的地区进行补偿,对排污、破坏环境的行为进行严格管理或者取缔,使得其保护成本大于破坏成本。

2.2.2　经济学视角下生态补偿的理论依据：劳动价值论、外部性理论、资源所有权

劳动价值论：英国经济学家威廉·佩蒂首先提出了劳动决定价值的观点,其次是亚当·斯密和大卫·李嘉图(David Ricardo)对劳动价值论进行了深入研究。马克思在他们的基础上提出了全新的劳动价值理论,即商品含有两个属性,价值与使用价值,使用价值是价值的载体,若没有使用价值,则不存在价值,同时指出价值在商品交换中的实质是人类的无差别劳动,因此价值由社会必要劳动时间所决定,而价值决定价格。根据其理论对流域生态补偿的价值进行分析,出现以下两种观点,一种认为流域内的生物以及各种资源是自然资源,不

具有人类劳动的性质,所以无价值;另外一种观点是随着经济和社会发展,人类生活、工业等活动需要,需要投入劳动或者资本对流域内资源进行开发与管理,人类所开发出来的资源等蕴含人类参与的劳动成果,因此具有价值。

外部性理论:外部性理论最早由英国新古典经济学家马歇尔(Alfred Marshall)提出,又称外部效应以及外部成本,指一个人或者群体的行为或者决定使别人受益或者受损的情况。随后,20世纪20年代,英国福利经济学家庇谷(ArthurCecil Pigou)在马歇尔的基础上深入研究,并根据外部性影响的优劣,将外部性问题划分两类,即正外部性和负外部性。正外部性是指某个/群体的经济性使得他人受益,受益者无需额外成本;负外部性指某个/群体所做出的经济行为使他人或者社会受损,自己不需要付出代价。

而在流域生态环境中,外部性问题表现在流域内的各种资源的过度开发造成的外部成本以及环境保护而产生的外部效益。那么根据外部性的原理可知,在进行流域生态补偿的研究时要明确其补偿主客体,并且有相应的机制来解决流域生态补偿的"不公平"等问题。一方面流域生态补偿是对流域内生态资源的外部效应进行校正,对资源提供者进行补贴,鼓励其增加生态物品的供给,使得提高收益,流域内资源得以开发和利用;另一方面对污染、破坏者进行罚款、税务征收、取缔等使得提高其边际成本,从而减少污染和破坏,实现流域内资源收益和成本的对等,从而促进流域内的社会、经济、生态可持续发展。

资源所有权:从概念来说,资源所有权是指人对资源的使用而引起的相互关系,具有占有、收益、使用、处分等四项职权。所有权是资源转让和买卖的核心,因此资源所有权是流域内社会经济平稳运行的基础。其中具有重要影响力的是马克思的所有权理论,以唯物主义为方法论,对其本质进行深刻的剖析和阐述。正确理解资源所有权的内涵及本质,不仅可以证明流域内资源所有权的归属问题的正当性,而且对流域内社会经济发展具有重要意义。由于流域内某些资源具有不可替代性、稀缺性以及不可再生性,故流域内的资源所有权具有其垄断性,即属于国家。因此,流域内资源的所有权和使用权的转让和分离成了有价值的经济行为关系,为了合理配置流域内资源的开发与利用,必须对流域内的使用者进行费用的征收。

2.2.3 社会学视角下生态补偿的理论依据:环境正义的公平伦理观

环境正义的公平伦理观:"环境正义"最早起源于美国,又称为"环境公平""环境公正"。原本是指以生物、生态中心为主的抽象化研究,逐渐转变为社会实践的研究,越来越多的学者主张在社会经济关系中探寻环境恶化的原因,并认为社会机构的不公平是生态系统失去平衡的根本原因。对于"环境公平",通常从两个层面进行看待:一是所有使用主体平等使用与保护自然环境资源,享有同等的权利与义务;二是所有使用者有权对于损害环境的行为进行制止,并对环境进行改善。关于环境公平的内容,主要包括时间和空间两个维度的公平,代际公平和代内公平。其中代际公平指在不同时代生活的人具有相同的发展权利,即后代人和当代人具有同样的生存和发展权利;代际公平指的是当代人的发展应该建立在保障后代人拥有环境权利的基础上,以满足后代发展的环境资源条件。环境正义的公平伦理观是流域生态补偿机制的重要理论依据,其环境正义正是流域生态补偿机制所要解决的利益平衡的冲突。为了更好地保护流域内的生态环境,就必须提高保护方的积极性,对他们进行补偿,保证他们的权利和义务对等。

2.2.4　哲学视角下生态补偿的理论依据

道法自然:老子思想已然延续数千年,对我国思想启蒙文化运动的发展起到重要作用。历往思想家以及学者认为老子的思想是以"道"为核心,所谓"道"生万物,即为世界本源。但从哲学的角度来看,其核心为"自然"。老子在《道德经》第二十五章讲:"人法地,地法天,天法道,道法自然。"从这句话中可以看出"自然"比"道"更高一筹,所蕴含的内涵更为丰富深刻。

"道"不仅是万物的本源,更是涵盖了人文社会经济等问题以及人们对美好生活的诉求。从《道德经》第一章的"道可道"到二十一章的"道之为物,惟恍惟惚",表明道存在于万物之中,可以无时不在,可大可小,大到无边无际,小到不可见,可知,世间万物发展皆离不开"道"。"自然"指的是没有外部力量的改变使之状态和过程发生变化,是真实客观存在,且不以人的意志为转移的世间万物,"自然"是老子思想中的精髓,和道有所不同,但又始于道。这本书中认为任何事要以"自然"为原则,世间万物规律都是自然形成,都是有规律可循的,并非人为。正所谓"道法自然"意思是"道"也要顺应自然。指示我们要向大自然学习,世间万事万物遵循其自身发展规律,不加干涉,告诉我们要尊重大自然,敬畏自然,与自然和谐相处。从"道法自然"中看流域生态补偿,我们要尊重流域内的生态规律,尊重自然。

普遍联系:联系是一个哲学范畴。联系一般是指事物及内部或者现象之间的相互作用与关系。联系并非个别事物之间的短暂关系,而是整个系统内的所有事物以及现象共同的,事物和整个协同内的其他事物或者现象有着或多或少的联系。整个宇宙就是万事万物的统一体,各个事物之间无时无刻不存在着联系。联系具有多样性、客观普遍性等特点,普遍性是最显著的特点,世间万物都有其内部结构,世间万物都不可能孤立存在,整个宇宙是一个统一体,世间万事万物都是普遍联系的。随着科技和经济的发展,人类不断地揭示自然界的联系,如自然界和非自然界,联系无处不在。说到事物之间的联系,那么就必须阐述事物之间的变化发展。对于事物变化发展分为以下两种观点,一种是形而上学,用片面孤立静止的观点看待世界,另外一种就是辩证法的发展观,用联系全面的观点看待世界。不管是自然界还是人文界,都处于不断运动和变化的过程,处于一个前进、螺旋式的上升状态。从"普遍联系"中看流域生态补偿,流域内的万事万物都是联系的,是一个整体系统,贯穿上中下游各区域,无时无刻不在发生着变化,意味着我们要正确处理好流域内的各种关系,用联系全面的观点看待问题和处理问题。

2.2.5　博弈论视角下生态补偿的理论依据

博弈论是以数学形式推理、分析、解决利益冲突问题的理论,现被广泛应用于经济学、政治学、哲学、生物学等多领域范围,起源于 20 世纪初期,《博弈论和经济行为理论》一书的发布拉开了现代博弈论发展的序幕,之后不断有学者进行补充完善。约翰·纳什(John Nash)提出纳什均衡,一种非合作博弈中相关利益主体策略选择所达到的均衡状态,此时他们的效益都达到了期望的最大值。博弈论可以分为很多种类:合作博弈与非合作博弈、静态博弈与动态博弈、完全信息博弈与不完全信息博弈。

20 世纪初演化的理论便已开始,Marshall(1920)在《经济学原理》一书中指出动态的演化过程较静态的数学分析更复杂。Alchian(1950)提出竞争会促进博弈向着均衡的方向发展。Nash(1950)对经典经济学原理进行总结梳理后提出了最早的演化博弈理论,需要对信息获取,逐渐达到均衡。

在水资源流域生态补偿方面,流域内及周边生活的众多利益主体,在有限的资源和公共生态环境下,相关的利益主体之间会存在一定的博弈行为,做出行动,使自己获取最大利益。生态环境具有公共物品属性,导致相关利益主体间的权责利害划分意识并不明确,保护者不会得到受益者的补偿,而受益者同样选择无偿享受成果,在此情景下,就会造成利益主体中保护者积极性下降,生态环境质量水平下降,产生恶性循环。此过程是动态的,主体调整行为策略,最终实现各方的纳什均衡。因此,流域水资源生态补偿可视作动态的博弈演化模型。且在分析时,应当先对流域周边生态补偿核心利益相关者进行识别,再对他们之间的博弈行为加以探讨。

2.2.6　生态承载力及水资源生态承载力理论

"承载力"概念最早由美国学者 Park 引入生态领域,其定义内涵为:"在不损坏牧场的情况下,牧场能供养的最大牲畜数量"。随着社会经济的发展,资源等环境问题突出,基于不同视角的承载力研究相继出现,如人口承载力、环境承载力以及水资源承载力。而"生态承载"是研究从单一要素向整个综合生态环境转移的标志。其中资源承载力是基础,环境承载力是核心。水资源生态承载力则指的是在绿色、可持续利用的情况下,水资源能够维系和支撑的最大人口数以及经济规模总量,是满足地区经济社会发展的"底线",也称作"生态线"。该线变化较大,主要受人类社会经济发展的影响;当超出这个"底线"时,水资源生态承载系统的结构和功能将会发生巨大变化,从而对人类活动产生负向影响。其具有以下几个特征:①动态性。对于一定数量的水资源来说,其生态承载能力不是一成不变的,与社会经济发展有直接的关系。当生产力水平较高时,区域的水资源环境承载力就高;而在发展水平落后的区域,经济的增长有可能是过度消耗水资源来实现的,因此生态承载力会比较低。②空间异质性。水资源生态系统结构和过程、人类活动都具有明显的空间分异特征,这决定了水生态系统提供的服务和消耗、生态承载力也具有空间异质性。例如,我国的西北干旱地区水热组合条件不如南方优越,因此水资源生态承载力势必也比南方小。③开放性和多样性。水资源生态系统并不是封闭的。社会贸易流动和流域跨域配置使得区域水资源生态承载力可通过与外界的物质、能量及信息交流进行提升,一定范围内的水生态承载力问题也可通过战争、贸易和行政干预等途径转嫁给其他区域。

2.3　相关政策梳理

近年来,国家为保护水资源做出了前所未有的努力。2011 年,中央一号文件明确提出实施最严格的水资源管理制度,设立用水总量控制、用水效率控制和水功能区限制纳污"三项制度",并据此界定用水总量、水资源利用效率和水功能区限制纳污"三条红线"。《国务院关于印发水污染防治行动计划的通知》(国发〔2015〕17 号)指出:"严格控制缺水地区、水污染严重地区和敏感区域高耗水、高污染行业发展。""在缺水地区试行退地减水。""地表水过度开发和地下水超采问题较严重,且农业用水比重较大的甘肃、新疆(含新疆生产建设兵团)、河北、山东、河南等五省(区),要适当减少用水量较大的农作物种植面积,改种耐旱作物和经济林;2018 年底前,对 3 300 万亩灌溉面积实施综合治理,退减水量 37 亿立方米以上。"《全国农业可持续发展规划(2015—2030 年)》(农计发〔2015〕145 号)指出"在绿洲农业区,大力发展高效节水灌溉,实施续建配套与节水改造,完善田间灌排渠系,增加节水灌溉面积,到 2020 年实现节水灌溉全覆盖,并在严重缺水地区实行退地减水,严格控制地下水开采"。"落实好公益林补偿政策,完善森林、湿地、水土保持等生态补偿制度"。《关于印发耕地草原河湖休养生息规划(2016—2030 年)的通知》(发改农经〔2016〕2438 号)提出"建立健全流域上下游、重要水源地、重要水生态修复治理区生态保护补偿机制,稳步推进退耕还湿试点,探索建立基于跨界断面水环境质量的生态补偿机制和湿地生态效益补偿制度"。2016 年,中共中央办公厅、国务院办公厅印发《关于全面推行河长制的意见》指出"实行水资源消耗总量和强度双控行动,防止不合理新增取水,切实做到以水定需、量水而行、因水制宜。坚持节水优先,全面提高用水效率,水资源短缺地区、生态脆弱地区要严格限制发展高耗水项目,加快实施农业、工业和城乡节水技术改造,坚决遏制用水浪费"。《全国农业现代化规划(2016—2020 年)》(国发〔2016〕58 号)明确指出:推进新疆农牧业协调发展。以高效节水型农业为主攻方向,适度调减高耗水粮食作物。2017 年 9 月,中共中央、国务院《关于创新体制机制推进农业绿色发展的意见》指出坚持以空间优化、资源节约、环境友好、生态稳定为基本路径。把保护生态环境放在优先位置,落实构建生态功能保障基线、环境质量安全底线、自然资源利用上线的要求,防止将农业生产与生态建设对立,把绿色发展导向贯穿农业发展全过程。加快建立合理农业水价形成机制和节水激励机制,切实保护农民合理用水权益,提高农民有偿用水意识和节水积极性。在华北、西北等地下水过度利用区适度压减高耗水作物。在适度发展区加快调整农业结构,限制资源消耗大的产业规模。同年,新疆维吾尔自治区发布《关于健全生态保护补偿机制的实施意见》指出应在河流源头区、集中饮用水水源地、重要河流敏感河段、水生态修复治理区、水产种质资源保护区、水源调出区、水土流失重点预防区和治理区、重要蓄滞洪区以及具有重要饮用水源或重要生态功能的河流湖泊等区域,全面开展生态保护补偿。积极探索建立耕地保护补偿制度和以绿色生态为导向的农业生态治理补贴制度,对生态退化区实施耕地休耕以及减少农药、地膜使用者给予资金补助。2018 年 1 月,国家发展改革委等六部门印发共同制定的《生态扶贫工作方案》指出扶贫开发与生态保护并重,采取超常规措施,实施重大生态工程建设、加大生态补偿力度、大力发展生态产业、创新生态扶贫方式。2019 年新疆维吾尔自治区水利厅、发改委、财政厅、农业农村厅等 4 部门联合发布了《关于推进南疆水资源高效利用的指导意见》首次提出了流域生态水占用补偿制度,改变水资源短缺和浪费并存的局面。加快农业结构调整,切实做到以水定需、量水而行、因水制宜。2021 年 8 月,农业农村部等 6 部门联合印发《"十四五"全国农业绿色发展规划》指出"坚持底线思维、保护优先","坚持政府引导、市场主导","坚持创新驱动、依法治理","坚持系统理念、统筹推进"。2022 年 2 月,水利部印发了《2022 年水资源管理工作要点》,指出需要健全初始水权分配制度、严格取用水监管、推进河湖生态环境复苏、提高水资源管理精细化水平、深化水资源管理改革。

可见,根据农业绿色发展和"三型"农业的具体要求,基于水资源利用的视角,在推进农业绿色发展的过程中,通过设计合适的流域生态补偿机制,实现"三型"农业所要求的水资源降耗提效,水环境清洁友好,水生态保护修复,最终实现农业生态系统平衡和农业可持续发展,无论是理论、现实还是政策层面都是一个极为重要的研究课题,为本研究提供了极强的驱动力、推动力和方向性。

部分重要国家相关政策梳理见附录1。

第3章 塔里木河流域水资源与生态环境概况

3.1 研究区概况

塔里木河是我国最长的内陆河,维吾尔语叫 Tarim(田地、种田的意思)。塔里木河流域位于中国新疆南部地区,处于东经 73°10′～94°05′,北纬 34°55′～43°08′之间,流域面积为102.7 万 km²,其中国外面积为 2.36 万 km²(数据来源:新疆塔里木河流域水资源公报2019)。

塔里木河流域与印度、吉尔吉斯斯坦、阿富汗、巴基斯坦等中亚、西亚诸国接壤。塔里木河流域水系由环塔里木盆地的阿克苏河、喀什噶尔河、叶尔羌河、和田河、开都-孔雀河、迪那河、渭干-库车河、克里雅河和车尔臣河等九大水系 144 条河流组成。

历史中九大水系都曾汇入塔里木河,后车尔臣河、克里雅河等水系先后与塔里木河断流,仅剩下阿克苏河、叶尔羌河、和田河与塔里木河仍然保持有地表水联系。三条河在阿拉尔肖夹克汇集,流至台特玛湖,形成全长 1 321 km 的塔里木河干流区。开都-孔雀河则经过库塔干渠向塔里木河干流下游输水,形成当前塔里木河流域的"四源一干"局面。

"四源"作为塔里木河"干流"的源流,对塔里木河河道的产生、发展与演变起着重要的影响。广义上的塔里木河流域涵盖南疆阿克苏地区、喀什地区、和田地区、克孜勒苏柯尔克孜自治州(简称克州)和巴音郭楞蒙古自治州(简称巴州)等五地州行政区域以及生产建设兵团四个师(第一师、第二师、第三师、第十四师),还辖伊犁哈萨克自治州、哈密市、吐鲁番市部分行政区面积,另外,还包括部分国外产流区面积。而狭义上的塔里木河流域是指环塔里木盆地的整个"四源一干"地区,即阿克苏地区、喀什地区、和田地区、克孜勒苏柯尔克孜自治州(简称克州)和巴音郭楞蒙古自治州(简称巴州)等五地州行政区域以及生产建设兵团四个师(第一师、第二师、第三师、第十四师)。本研究中塔里木河流域取其狭义上的含义。

3.2 塔里木河流域生态环境概况

3.2.1 塔里木河流域气候资源概况

地处亚欧大陆腹地的塔里木河流域远离海洋,周围被天山南坡、昆仑山、阿尔金山等高原山区环绕。中部为世界第二大的流动沙漠塔克拉玛干沙漠。因处于中纬度干旱环境中,塔里木河流域为典型的温带大陆性气候。

(1)四季温差大。

塔里木河流域的气温年较差(年内最高气温与最低气温差)和日较差(日内最高气温与最低气温差)都很大,年平均日较差为14～16 ℃,年最大日较差一般在25 ℃以上。年平均气温除高寒山区外多在3.3～12 ℃之间。夏热冬寒,夏季7月平均气温为20～30 ℃,冬季1月平均气温为－10～－20 ℃。

(2)日照时间长,光热资源丰富。

塔里木河流域属于干旱暖温带。冲洪积平原及塔里木盆地高于10 ℃积温,多在4 000 ℃以上,持续180～200 d;在山区,10 ℃积温少于2 000 ℃;一般纬度北移一度,≥10 ℃积温约减少100 ℃,持续天数缩短4 d。年日照时数在2 550～3 500 h左右,无霜期190～220 d。

(3)降水少,蒸发强。

在高山环列和远离海洋的地形地貌、水文气象等因素综合影响下,全流域降水稀少,降水量地区分布差异很大。广大平原一般无降水径流发生,盆地中部存在大面积荒漠无流区。全流域多年平均年降水量为116.8 mm,降水量的地区分布,总的趋势是北部多于南部,西部多于东部,山地多于平原;山地一般为200～500 mm,盆地边缘50～80 mm,东南缘20～30 mm,盆地中心约10 mm左右。受水汽条件和地理位置的影响,"四源一干"多年平均年降水量为236.7 mm,是降水量较多的区域。蒸发能力很强,一般山区为800～1 200 mm,平原盆地1 800～2 900 mm。

3.2.2 塔里木河流域水系概况

1.主要水系

塔里木河流域由发源于塔里木盆地周边的天山山脉、帕米尔高原、喀喇昆仑山、昆仑山、阿尔金山等山脉的阿克苏河、喀什噶尔河、叶尔羌河、和田河、开都-孔雀河、迪那河、渭干-库车河、克里雅河和车尔臣河等九大水系的144条河流组成,塔里木河干流自身不产流,目前与塔里木河干流有地表水联系的只有叶尔羌河、和田河和阿克苏河三条源流,其中,阿克苏河全年有水注入塔里木河干流,和田河仅在汛期有水注入,叶尔羌河近20年来只在丰水年的汛期有水注入塔里木河。另外,孔雀河通过人工输水方式从博斯腾湖抽水向塔里木河干流下游输水。

塔里木河流域"四源一干"水系,主要包括塔里木河干流、阿克苏河、叶尔羌河、和田河、开都-孔雀河。

塔里木河干流位于盆地腹地,从肖夹克至台特玛湖全长1 321 km,流域面积1.76 km²,属平原型河流。上游河道长495 km,主要从肖夹克至英巴扎,河道纵坡1/4 600到1/6 300,河床下切深度2～4 m,河道水面宽一般在500～1 000 m,河道比较顺直,很少岔流,河漫滩发育明显。中游河道长398 km,从英巴扎至恰拉,河道纵坡1/5 700到1/7 700,水面宽一般在200～500 m,河道弯曲,水流缓慢,土质松散,泥沙沉积严重。下游河道长428 km,从恰拉以下至台特玛湖,河道纵坡1/4 500到1/7 900,河床下切深度一般为3～5 m,河床宽约100 m左右(陈兆波,2008)。

阿克苏河由源自吉尔吉斯斯坦的库玛拉克河和托什干河两大支流组成,河流全长588 km,两大支流在喀拉都维汇合后,流经山前平原区,在肖夹克汇入塔里木河干流。流域面积 6.23 万 km²(境外流域面积 1.95 万 km²),其中山区面积 4.32 万 km²,平原区面积 1.91 万 km²。

叶尔羌河发源于喀喇昆仑山北坡,由主流克勒青河和支流塔什库尔干河组成,进入平原区以后,还有提兹那甫河、柯克亚河和乌鲁克河等支流独立水系。叶尔羌河全长 1 165 km,流域面积 7.98 万 km²(境外面积 0.28 万 km²),其中山区面积 5.69 万 km²,平原区面积 2.29 万 km²。叶尔羌河在出平原灌区后,流经 200 km 的沙漠段到达塔里木河(陈兆波,2008)。

和田河上游的玉龙喀什河与喀拉喀什河,分别发源于昆仑山和喀喇昆仑山北坡,在阔什拉什汇合后,由南向北穿越塔克拉玛干大沙漠 319 km 以后,汇入塔里木河干流区。流域面积 4.93 万 km²,其中山区面积 3.80 万 km²,平原区面积 1.13 万 km²。

开都-孔雀河流域面积 4.96 万 km²,其中山区面积 3.30 万 km²,平原面积 1.66 万 km²。开都河发源于天山中部,全长 560 km,流经焉耆盆地后注入博斯腾湖。从博斯腾湖流出后为孔雀河。随着入湖水量的减少,博斯腾湖水位下降,湖水出流难以满足孔雀河灌区农业生产需要。同时为加强博斯腾湖水循环,改善博斯腾湖水质,1982 年修建了博斯腾湖抽水泵站及输水干渠,每年向孔雀河供水约 10 亿 m³,其中约 2.5 亿 m³ 水量通过库塔干渠输入恰拉水库灌区(覃新闻,2014)。

除四源一干水系外,喀什噶尔河水系包括克孜河、盖孜河、库山河、依格孜牙河、恰克玛克河、布谷孜河 6 条河流。喀什噶尔河全长 445.5 km,流向自西向东,在我国境内长约 371.8 km,水系流域面积为 8.14 万 km²。渭干-库车河水系,干流长 284 km,木扎提河长 252 km,克孜尔水库以下渭干河长 32 km,流域面积为 4.25 万 km²。车尔臣河发源于昆仑山北坡的木孜塔格峰,河道全长 813 km,流域面积为 14.05 万 km²。迪那河地处天山南麓的哈尔克山南麓东侧及霍拉山南麓西侧区域,流域面积为 1.24 万 km²,出山口以上流域面积 1 615 万 km²。克里雅河流经面积为 4.26 万 km²,其发源于昆仑山山脉乌斯塔格山西侧克里雅山口一带,河流全长约 610 km。

2.主要湖泊

塔里木河流域主要湖泊有博斯腾湖和台特玛湖。博斯腾湖古称“西海”,唐谓“鱼海”,清代中期定名为博斯腾湖。博斯腾湖是中国最大的内陆淡水吞吐湖,维吾尔语意为“绿洲”,博斯腾湖面积为 1 228 km²,容积为 81.5 亿 m³,是我国最大的内陆淡水湖之一,它既是开都河的归宿,又是孔雀河的源头。博斯腾湖距博湖县城 14 km,湖面海拔 1 048 m,东西长 55 km,南北宽 25 km,略呈三角形。湖水最深 16 m,最浅 0.8～2 m,平均深度 10 m 左右。博斯腾湖四周高山环绕,春季气候多变,干旱少雨,夏季干燥炎热,秋季降温迅速,冬季寒冷,蒸发量大,全年多晴日。

台特玛湖位于塔里木河下游尾闾,是塔里木河及车尔臣河的中间湖。塔里木河断流前,下游河水曾一度流到罗布泊,后来河水改道,流入东南方向的台特玛湖。塔里木河下游断流后,尾闾台特玛湖变成了一片沙漠。深居内陆的台特玛湖,地处荒漠戈壁,区域内降雨稀少,蒸发强烈,几乎完全靠塔里木河上游来水维系。由于对流域内水资源缺乏统一管理、水量配置不合理,开发利用粗放,浪费严重,塔里木河下游大西海子以下 360 多千米的河道长期断流,尾闾台特玛湖更是干涸见底。这给塔里木河下游的绿色走廊造成致命的影响,逐水而生的植被大片枯萎死亡,居民陆续外迁。虽近些年来通过开都-孔雀河向下游进行生态输水,结束了长达三十年的塔里木河下游河道持续断流和台特玛湖干涸的历史,但台特玛湖的生态状况已不复从前。

3.2.3 水资源情况

1.空间分布

塔里木河流域"四源一干"的总降水量为 717.7 亿 m³,地表水量为 215.9 亿 m³,地下水量为 159.0 亿 m³,地表水量与地下水量之间重复计算量 150.6 亿 m³,扣除这部分重复计算量,则 2019 年塔里木河流域"四源一干"的水资源总量为 224.3 亿 m³。"四源一干"来自国外河川流入径流量为 53.68 亿 m³。详情见表 3-1。

表 3-1　塔里木河流域分区水资源总量表

水资源分区		计算面积 /km²	年降水量 /亿 m³	地表水量 /亿 m³	地下水量 /亿 m³	水资源总量 /亿 m³	产水模数 /(万 m³·km⁻²)
Ⅱ级	Ⅲ级						
塔里木河流域	阿克苏河	42 800	174.1	29.39	41.75	31.99	7.47
	喀什噶尔河	72 240	198.6	48.12	34.79	51.64	7.15
	叶尔羌河	76 950	243.2	76.61	42.76	77.94	10.13
	和田河	49 330	165.5	46.25	19.70	48.33	9.80
	开都-孔雀河	49 584	126.2	63.67	39.33	65.84	13.28
	渭干-库车河	41 540	142	37.35	28.10	39.64	9.54
	迪那河	12 530	21.44	4.43	5.58	4.73	3.77
	皮山河区	13 060	30.34	6.31	4.01	6.68	5.11
	克里雅河	44 710	108	28.42	18.15	30.33	6.78
	车尔臣河	137 600	134.3	32.91	20.61	35.46	2.58
	塔里木河干流	17 580	8.71	0	15.45	0.22	0.12
	塔克拉玛干沙漠	281 630	38.73	0	0	0	0
	库姆塔格沙漠	163 011	29.33	0.04	0	0.04	0
合计		1 002 565	1420	373.5	270.2	392.8	3.92
"四源一干"小计		236 244	717.7	215.9	159.0	224.3	9.5

注:数据来源于新疆塔里木河流域水资源公报。

塔里木河是典型的干旱内陆河,从流域来看其水量主要来自阿克苏河、和田河、叶尔羌河的源流补给;其地表水来源于山区,在平原区被消耗,其来源主要包括两部分,冰川融水占比为 48%,降水占比 52%;地表水资源量变化较小,其中四源流最大模比系数和最小模比系数分别为 1.36 和 0.79,且各个河流的丰水期与枯水期年份不同步。塔里木河流域水资源总量分析如表 3-2 所示。

表 3-2 塔里木河流域水资源总量分析

	塔里木河流域水资源/亿 m³						水资源总量占新疆比例/%
	总量	各地区					
		巴州	阿克苏	克州	喀什	和田	
2010	540.66	129.50	83.24	82.35	92.87	152.70	48.10
2011	458.33	128.4	72.91	75.82	73	108.2	51.75
2012	480.60	128.75	66.98	72.515	90.3	122.05	52.19
2013	502.86	129.1	61.05	69.21	107.6	135.9	52.60
2014	395.83	109.37	53.61	56.23	78.41	98.21	54.45
2015	487.26	141.70	79.23	69.41	78.72	118.20	52.37
2016	508.96	156.99	62.74	72.91	83.99	132.33	46.57
2017	515.28	143.13	72.94	77.93	93.33	127.95	50.86
2018	420.41	123.51	52.41	57.35	77	110.14	48.95

注:数据来源于新疆统计年鉴。

从行政区域的水资源总量看,阿克苏和喀什地区的农业用水在塔里木河流域中的比例最高,每年用于农业的用水量在 100 亿 m³ 左右,巴州农业用水量从 40.9 亿 m³ 上升到 49.45 亿 m³;克州农业用水量从 8.54 亿 m³ 上升到 11.74 亿 m³;和田农业用水量从 44.73 亿 m³ 上升到 42.09 亿 m³。

2.南疆供用水总量控制方案

1)用水总量控制指标

现状情况下南疆水资源开发利用率超过 70%,生态环境用水被挤占情况较为严重。为此必须严格实行用水总量控制(表 3-3),通过水资源高效利用、合理配置、严格管理考核,坚决将用水总量控制在红线指标以内。2020 年,南疆用水总量控制指标为 309.44 亿 m³,实际南疆 2020 年用水 326.45 亿 m³,超出总量控制的 5.5%。根据自治区用水总量红线管理指标,到 2030 年,全疆用水总量控制指标为 526.74 亿 m³,南疆(主要为塔里木河流域辖区)用水量控制指标为 285.17 亿 m³,其中地方 235.53 亿 m³,兵团 49.64 亿 m³。

表 3-3 南疆用水总量控制指标表

单位:亿 m³

分区		2020 年	2025 年	2030 年
南疆	地方	258.72	246.84	235.53
	兵团	50.72	50.03	49.64
	小计	309.44	296.87	285.17

注:数据来源于新疆塔里木河流域水资源公报。

2）分水源供水控制方案

南疆地下水可供水量控制指标（表 3-4）由 2020 年的 41.05 亿 m³ 下降到 2025 年的 40.22 亿 m³，再降到 2030 的 39.83 亿 m³；其他水源可供水量指标由 2020 年的 1.24 亿 m³ 增加到 2025 年的 1.57 亿 m³，再增加到 2030 年的 1.89 亿 m³。而实际 2020 年南疆地下水耗用量为 58.61 亿 m³，超出地下水可供水量的 43%。

表 3-4　南疆地下水、其他水源可供水量控制指标表

单位：亿 m³

分区		2020 年	2025 年	2030 年
南疆	地下	41.05	40.22	39.83
	其他水源	1.24	1.57	1.89

注：数据来源于新疆塔里木河流域水资源公报。

3）生活用水总量控制方案

根据《新疆国民经济和社会发展第十四个五年规划纲要》，推进新型城镇化与乡村振兴协调发展，提高全区生活水平，生活用水需求较现状有较大幅度增加。规划 2025 年全区生活用水量为 28.68 亿 m³，其中南疆地区为 10.63 亿 m³，2030 年全区为 32.07 亿 m³，南疆地区为 12.07 亿 m³。详情见表 3-5。

表 3-5　新疆生活用水指标控制表

单位：亿 m³

分区	2025 年	2030 年
新疆	28.68	32.07
南疆	10.63	12.07

注：数据来源于新疆塔里木河流域水资源公报。

4）新型工业化用水控制方案

2020 年新疆工业用水量为 33.0 亿 m³，南疆用水量为 8.97 亿 m³，规划全区 2025 年新型工业化发展用水控制指标为 40.85 亿 m³，其中南疆为 11.025 亿 m³，全区 2030 年新型工业化发展用水控制指标为 48.70 亿 m³，南疆为 13.08 亿 m³。详情见表 3-6。实际 2020 年南疆工业用水量为 3.7 亿 m³，只耗用了工业发展用水控制目标的 41.2%，工业用水被农业用水大幅度挤占。

表 3-6　新疆新型工业化发展用水指标控制表

单位：亿 m³

分区	2020 年	2025 年	2030 年
新疆	33.00	40.85	48.70
南疆	8.97	11.025	13.08

注：数据来源于新疆塔里木河流域水资源公报。

5）农业用水总量控制方案

新疆在大力发展高效节水灌溉的同时，还要着力加强渠道衬砌为主的灌区续建配套与

节水改造、种植结构调整、灌溉制度优化等综合措施,从而切实有效地控制农业用水总量,有效提高农业灌溉用水效率。其中,2020 年全疆农业用水量控制指标为 491.95 亿 m³,南疆为 291.28 亿 m³,规划 2025 年全疆农业用水量控制指标为 468.96 亿 m³,南疆农业用水量指标控制为 275.65 亿 m³,2030 年全疆农业用水量控制指标为 445.97 亿 m³,南疆农业用水量控制指标为 260.62 亿 m³。具体见表 3-7。实际 2020 年南疆农业用水总量为 303.98 亿 m³,超出南疆农业用水量控制的 4.4%。

表 3-7　全疆农业用水量控制指标表

单位:亿 m³

分区	2020 年	2025 年	2030 年
新疆	491.95	468.96	445.97
南疆	291.28	275.65	260.62

注:数据来源于新疆塔里木河流域水资源公报。

6)万元工业增加值用水量控制指标

目前新疆全区用水总量已超红线指标,且深居内陆,工业发展必须走高节水、严格控制污染的新型工业化道路,应对未来新发展的工业实行最严格准入制度,坚决避免工业高耗水、高污染的模式;强化工业用水定额管理,加大现有企业的节水力度,加强技术改造和技术升级,逐步淘汰耗水量大、技术落后的工艺设备,限期达到产品节水标准;推进清洁生产战略,发展循环经济,鼓励企业开展污水深度处理,促进废污水处理循环再利用。表 3-8 为南疆部分地区"十三五"期间的万元工业增加值用水量下降率。

表 3-8　南疆(含兵团)"十三五"期间的万元工业增加值用水量下降率

分区		万元工业增加用水量下降率/%
全疆平均		22.0
南疆地区	巴州	16.7
	阿克苏地区	24.5
	克州	5.9
	喀什地区	17.8
	和田地区	4.6

注:数据来源于新疆塔里木河流域水资源公报。

7)万元 GDP 用水量控制指标

新疆"十三五"末万元 GDP 用水量为 792 m³/万元,还不及全国 2000 年的平均水平,在一定程度上是农业用水比重过大、节水区域发展不平衡、用水方式相对粗放等因素造成的。在未来经济社会发展中要以水资源高效利用为核心,以水资源统一管理体制为保障,以创新为动力,转变经济发展方式,转变用水观念和用水方式,把水资源节约利用放在突出位置,积极培育节水型社会模式,科学调配水资源,引导产业结构优化升级和区域协调发展。同时要充分发挥水资源管理宏观调控功能,严格用水管理和考核,全面建设节水型社会。表 3-9 为新疆"十三五"南疆地区万元 GDP 用水量下降率。

表 3-9　新疆"十三五"南疆地区万元 GDP 用水量下降率

分区		万元 GDP 用水下降率/％
全疆（平均）		37.7
南疆	巴州	39.5
	阿克苏地区	43.7
	克州	42.7
	喀什地区	57.6
	和田地区	56.2

注：数据来源于新疆塔里木河流域水资源公报。

8）塔里木河流域各地区用水总量控制

现状情况下南疆水资源开发利用率超过 70％，生态环境用水被挤占情况较为严重。为此必须严格实行用水总量控制，通过水资源高效利用、合理配置、严格管理考核，坚决将用水总量控制在红线指标以内。表 3-10 为 2020、2025、2030 年南疆各地州用水总量控制指标实施计划表（来源于《新疆维吾尔自治区行业用水定额》新政办发〔2007〕105 号）。

表 3-10　南疆各地州用水总量控制指标实施计划表

单位：亿/m³

分项			2020 年	2025 年	2030 年
南疆地区	小计	地方	258.72	246.84	235.53
		兵团	50.72	50.03	49.64
		合计	309.44	296.87	285.17
	巴州	地方	37.85	37.1	36.77
		兵团	9.66	9.58	9.49
		小计	47.51	46.68	46.26
	阿克苏地区	地方	80.02	74.04	68.23
		兵团	23.97	23.97	24.27
		小计	103.99	98.01	92.5
	克州	地方	10.55	10.39	10.23
		兵团	0.25	0.25	0.24
		小计	10.8	10.64	10.46
	喀什地区	地方	91.53	86.53	81.54
		兵团	14.56	13.97	13.37
		小计	106.09	100.5	94.91
	和田地区	地方	38.77	38.77	38.77
		兵团	2.28	2.28	2.28
		小计	41.05	41.05	41.04

　　然而通过新疆统计年鉴数据统计,2020 年南疆各地区实际用水总量均超出控制用水总量,数额分别是 1.94 亿 m³、4.27 亿 m³、0.94 亿 m³、8.82 亿 m³、1.04 亿 m³。南疆地区用水总量的控制任务并未达到预期效果,其达到资源节约型区域发展要求仍旧任重而道远。

　　9)塔里木河流域不同农作物农业灌溉用水定额

　　根据新疆维吾尔自治区取水定额条例,南疆塔里木盆地西缘区、北缘平原区、北缘冲击扇区、南缘平原区、塔里木周边山间河谷及盆地不同农作物农业灌溉用水定额的规定,我们可以发现其中西缘区的水稻、果树、葡萄、林地、棉花为耗水量高的作物;北缘平原区的水稻、果树、棉花、葡萄、林地为耗水量高的作物;北缘冲击扇区的水稻、果树、葡萄、棉花、林地为耗水量高的作物;南缘平原区的水稻、蔬菜、果树、棉花、林地为耗水量高的作物;塔里木周边山间河谷及盆地的水稻、果树、葡萄、林地为耗水量高的作物。具体详见附录 2。

　　3.季节性分布

　　塔里木河流域除了开都河之外其余河流年径流量分配不均,大多数集中于 6—9 月,占全年径流量的 70%~80%,玉龙喀什河可达 85% 以上;且洪峰较高,起涨快,洪灾严重;而 3—5 月的灌溉季节来水量只占全年径流量的 10%,春旱严重。所以春季较为干旱,夏季洪水遍地,春旱夏涝给农业生产带来了极大损失。

3.2.4　水质情况

　　塔里木河流域水质较好,水体污染较少。2010—2019 年,塔里木河流域阿克苏河、叶尔羌河、和田河、开都-孔雀河等主要河流的水质监测结果如表 3-11 所示。监测项目选择 pH、溶解氧、高锰酸盐指数、化学需氧量、五日生化需氧量、铜、锌、氟化物、砷、汞、锅、铬(六价)、铅、氰化物、挥发酚、硫化物。湖、库营养状态评价选择总磷、总氮、高锰酸盐指数、叶绿素(a)和透明度。检测方法执行《地表水资源质量评价技术规程》(SL.395—2007)的要求。

　　监测河长 6 114 km,其中Ⅰ类河长占评价总河长的 23.2%,Ⅱ类河长占 71.1%,Ⅲ类河长占 4.2%,Ⅳ类河长占 1.5%;丰水期监测河长 6 095 km,其中Ⅰ类河长占监测总河长的 10.4%,Ⅱ类河长占 85.7%,Ⅲ类河长占 3.9%;枯水期评价河长 5 666 km,其中Ⅰ类河长占评价总河的 36.0%,Ⅱ类河长占 55.5%,Ⅲ类河长占 6.9%,Ⅳ类河长占 1.6%。

表 3-11(1)　塔里木河流域"四源一干"监测河长水质评价表

年份	河流											
	和田河				叶尔羌河				阿克苏河			
	Ⅰ	Ⅱ	Ⅲ	Ⅳ	Ⅰ	Ⅱ	Ⅲ	Ⅳ	Ⅰ	Ⅱ	Ⅲ	Ⅳ
2010						111			20			
2011						111			20			
2012			319			775				35		
2013			319			1230			25	107		
2014			319		865	365			10	122		

续表

年份	河流											
	和田河				叶尔羌河				阿克苏河			
	I	II	III	IV	I	II	III	IV	I	II	III	IV
2015		319			865	295			35	97		
2016				319	480	680			132			
2017		319			295	865				132		
2018		319				1160				132		
2019		319			865	295			132			

表 3-11(2)　塔里木河流域"四源一干"监测河长水质评价表

年份	河流													
	开都河				孔雀河				塔里木河干流					
	I	II	III	V	I	II	III	V	I	II	III	IV	V	劣V
2010		376				165				571				
2011		376				165				733				
2012		291				165				1083				
2013		134	530			240				685	28	398		
2014	664					67				190	98	495		
2015		664				67			398	685		428		
2016		664				67				1321				
2017		664				240				1511				
2018		664				173	67			588			95	428
2019		664					259			1511				

注:数据来源于新疆塔里木河流域水资源公报。

主要河流水质状况如下:

1)和田河

和田河源流河面监测河长为 319 km,整体来看,从 2010—2019 年,水质情况逐渐变好,其中Ⅱ类水质占比 50%,Ⅲ类占比 37.5%,Ⅳ类占比 12.5%。

2)叶尔羌河

叶尔羌河河面监测河长从 2010 年的 111 km 增加到 2019 年的 1 160 km,大部分水质属于Ⅰ类、Ⅱ类,其中Ⅰ类水质占比 33.33%,Ⅱ类水质占比 66.66%。

3)阿克苏河

阿克苏河河面监测河长从 2010 年的 20 km 增加到 2019 年的 132 km,水质质量均属于

Ⅰ类、Ⅱ类,其中Ⅰ类水质占比 53.8%,Ⅱ类水质占比 46.2%。

4)开都河

开都河河面监测河长从 2010 年的 376 km 增加到 2019 年的 664 km,大部分水质属于Ⅰ类、Ⅱ类,少量属于Ⅲ类水质。其中Ⅰ类占比 9.1%,Ⅱ类水质占比 81.8%,Ⅲ类水质占比 9.1%。

5)孔雀河

孔雀河河面监测河长从 2010 年的 165 km 增加到 2019 年的 259 km,大部分水质属于Ⅱ类,少量属于Ⅲ类,其中Ⅱ类水质占比 81.8%,Ⅲ类水质占比 18.2%。

6)塔里木河干流

塔里木河干流总评价河长从 2010 年的 571 km 增加到 2019 年的 1 511 km,水质大部分属于Ⅱ类,少部分属于Ⅰ类、Ⅲ类、Ⅳ类、Ⅴ类、劣Ⅴ类。其中Ⅱ类水质占比 55.5%,Ⅰ类水质占比 5.6%,Ⅲ类水质占比 11.1%,Ⅳ类水质占比 16.6%,Ⅴ类水质占比 5.6%,劣Ⅴ类水质占比 5.6%。

3.2.5　主要面源污染情况——以阿克苏为例

1.农业用水等污染情况

在农业面源污染中,农村生活的污染最大,平均每年污染物排放量为 30 538.24 t;畜牧养殖次之,从 2010 年的 23 368.24 t 到 2020 年的 39 823.66 t,2010—2016 年,污染逐渐增加,2017—2018 年有所减少,2019 年再次增加;农药化肥污染物排放处于波动上升趋势,2012 年出现最小值,原因为当年单位化肥施用量减少。对于河道内源污染,主要是渔业、淡水养殖业等造成的污染,从 2010 年的 105.29 t 到 2020 年的 89.31 t,总体变化不大,有起伏,说明渔业带来的污染总体可控。农业污染情况如表 3-12 所示。

表 3-12　农业污染情况

	农药化肥/t	渔业排污/t	农村生活/t	畜牧养殖/t
2010	502.47	105.29	33 648.10	23 368.24
2011	582.74	106.59	20 391.36	23 716.37
2012	133.43	106.45	19 636.36	24 405.65
2013	609.68	107.73	19 994.22	25 887.23
2014	741.22	109.71	20 548.14	27 082.53
2015	735.00	109.12	36 152.96	28 354.67
2016	434.86	110.69	35 867.08	28 976.54
2017	794.40	107.22	36 723.94	26 404.97
2018	768.90	112.26	36 979.25	28 007.92
2019	786.70	113.10	37 241.62	28 972.10
2020	711.75	89.31	38 737.65	39 823.66

注:数据来源于新疆统计年鉴计算整理。

2.生活用水排污情况

生活用水排污方面,排放量从 2010 年的 2 676.00 t 增加到 2019 年的 4 131.44 t,变化起伏较大,年平均增长率为 5%;生活化学需氧量排放从 2010 年的 10 386.00 t 减少到 2019 年的 9 585.58 t,2010—2016 年阶段逐渐减少,2017 年之后排放量增加;生活二氧化硫排放量从 2010 年的 6 085.30 t 增加到 2019 年的 6 247.84 t,该阶段内,变化呈起伏状态。具体见表 3-13。

表 3-13 生活用水排污情况

年份	生活污水排放量/万 t	生活化学需氧量排放量/t	生活二氧化硫排放量/t
2010	2 676.00	10 386.00	6 085.30
2011	3 623.00	9 249.00	6 785.03
2012	4 955.00	9 144.00	7 017.00
2013	5 060.00	8 450.00	7 040.00
2014	5 003.00	9 355.00	7 909.00
2015	4 046.00	8 986.00	6 950.00
2016	4 110.00	8 050.00	6 770.00
2017	3 770.47	8 079.66	5 912.74
2018	4 116.51	9 311.04	6 441.64
2019	4 131.44	9 598.58	6 247.84

注:数据来源于新疆统计年鉴计算整理。

3.工业用水排污情况

工业用水排污方面(表 3-14),二氧化硫排放量从整体情况来看呈减少趋势变化,从 2010 年的 18 988.00 t 减少到 2019 年的 7 737.20 t;废水排放达标率基本年年持平,变化较小;生活污水达标率大致呈上升趋势,从 2010 年的 73% 上升到 2019 年的 75%;废水排放总量及其达标量起伏变化较大。

表 3-14 工业用水排污情况

年份	二氧化硫排放量/t	废水排放量达标率/%	生活污水处理达标率/%	废水排放总量/万 t	废水排放达标量/万 t
2010	18 988.00	90.00	73.00	1 993.00	1 768.00
2011	19 445.00	87.00	65.50	2 180.05	1 891.00
2012	25 013.00	91.70	67.70	2 436.34	2 228.62
2013	25 370.00	91.00	70.00	2 588.00	2 346.00
2014	26 346.00	91.00	75.00	1 948.00	1 773.00
2015	12 299.00	90.00	73.00	1 150.00	1 044.00
2016	11 970.00	91.00	75.00	1 140.00	1 031.00

续表

年份	二氧化硫排放量/t	废水排放量达标率/%	生活污水处理达标率/%	废水排放总量/万 t	废水排放达标量/万 t
2017	7 739.00	90.00	75.00	1 288.00	1 198.9
2018	6 796.86	91.00	97.89	2 013.02	1 166.00
2019	7 737.20	90.00	75.00	1 163.50	1 047.15

注:数据来源于新疆统计年鉴计算整理。

3.2.6 水利建设情况

截至 2019 年,塔里木河流域"四源一干"共有大中型水库 35 座,其中大型水库 9 座,中型水库 26 座,年初蓄水总量为 20.53 亿 m^3,年末水库蓄水总量为 19.42 亿 m^3,水库年末蓄水量减少 1.11 亿 m^3。其中大型水库蓄水减少 0.86 亿 m^3,中型水库蓄水减少 0.25 亿 m^3。具体如表 3-15 所示。

表 3-15 塔里木河流域"四源一干"大中型水库蓄水动态表总量表

塔里木河流域"四源一干"大中型水库蓄水动态表									
水资源分区	行政区名称	大型水库				中型水库			
		水库座数/座	年初蓄水总量/亿 m^3	年末蓄水总量/亿 m^3	年蓄水变量/亿 m^3	水库座数/座	年初蓄水总量/亿 m^3	年末蓄水总量/亿 m^3	年蓄水变量/亿 m^3
四源流	第一师	3	3.09	2.22	−0.87	1	0.52	0.65	0.13
	喀什地区	2	5.13	4.69	−0.44	10	1.15	1.06	−0.09
	第三师	2	5.05	4.88	−0.17	2	0.45	0.97	0.52
	和田地区	1	2.69	2.72	0.03	5	0.56	0.33	−0.23
	巴州								
	第十四师					1	0.28	0	−0.28
	第二师	1	1.35	1.56	0.21				
	小计	9	17.32	16.07	−1.24	19	2.96	3.00	0.04
干流	阿克苏地区					4	0.26	0.26	0
	巴州					2	0.18	0.08	−0.1
	第二师					1	0.20	0.01	−0.19
	小计					7	0.64	0.34	−0.30
合 计		9	16.93	16.07	−0.86	26	3.60	3.35	−0.25

注:1.年末蓄水量用下年 1 月 1 日 8 时蓄水量代替;

2.总库容≥1 亿 m^3 为大型,总库容 1～0.1 亿 m^3 为中型;

3.喀什地区在叶尔羌河流域中型水库有 10 座,往年填报时岳普湖县有一座中型水库列入叶尔羌河流域,实际上这座水库属喀河流域。

注:数据来源于新疆塔里木河流域水资源公报。

3.2.7 水利工程所带来的成效

1.农业方面

塔里木河流域近二十年来治理工程开展了大规模的灌区节水工程,建设了一批防渗渠道和高新节水项目,受益农田面积共计 1 021 万亩(1 亩=0.066 7 hm²),使农田节水面积占到了"四源一干"灌溉总面积 1 883 万亩的 54%,渠系水利用系数由原来的 0.40 提高到了现在的 0.49,提高了灌溉保证率,改善了项目区的灌溉条件,使水资源配置更为合理,水资源利用率得到提高,对提高南疆 5 个地(州)和兵团 4 个师的农业生产水平具有重要作用,为塔里木河流域特别是"四源一干"范围的农业增产增收创造了条件。

2.工业和城镇化建设方面

由于塔里木河近期治理工程的实施,完成 1 021 万亩农业节水灌溉面积,节水量达 27.2亿 m³,为南疆地区的城镇化建设和发展提供了有利条件。从长远考虑,塔里木河近期治理工程的实施,为塔里木河流域的工农牧业发展改善了供水条件,提高了供水保证率,塔里木河流域的治理,为受益区的经济发展起了有力的推动作用。

3.对受益范围生态环境影响

塔里木河流域治理项目建设了一批生态引水闸,整治、疏通了河道,使河道输水能力大为改善,从而保障了塔里木河流域生态的用水,特别是"四源一干"区域内的 6 100 余万亩的林地、灌木、疏林地和草地的供水提供了条件。塔里木河近期治理工程的建成和投产,发挥该项目效益,改善了生态环境。

目前,塔里木河干流的两岸 1 247 余万亩的天然胡杨林及灌木疏林地逐步恢复了生机,塔里木河下游河道从 2003 年开始,每年上游来水流经此段河道输送到台特玛湖,结束了 30余年下游河道断流的历史,使台特玛湖重见了水面,下游两岸地下水位(1 km 范围内)由治理前的 8~12 m 逐步恢复到现在的 2~4 m,生态植物种群由 17 种增加到 46 种,沙化面积减少 105 万亩,现在下游两岸经常可见野生动物出没,下游绿色走廊逐步有了生机,下游生态环境日趋恶化的现象得到了初步遏制。从生态环境整体上比较,治理前塔里木河流域下游"两扩大"和"四缩小"的现象有了改观(两扩大,指人工绿洲与沙漠面积同时扩大,四缩小指自然林地、草地、野生动物栖息地和水域面积缩小)。

因此,塔里木河流域水利工程的实施,对塔里木河流域的生态环境产生了较好的影响,为塔里木河流域的生态环境唱响了绿色交响曲。

3.3 本章小结

本章主要分为两大部分,第一部分介绍了研究区域概况,描述了塔里木河流域的位置、流域面积、流经区域及其水系组成;第二部分主要介绍塔里木河流域的水资源状况,主要从水系、湖泊、水资源分布、水质、水利设施建设分别进行阐述和概括。其中水系部分主要介绍了塔里木河流域的"四源一干",也就是其主要源流及支流;湖泊主要介绍了博斯腾湖和台特玛湖的流域面积、水量以及自然气候特征及现状;水资源空间分布呈现出由塔里木盆地西缘及山间河谷丰富向塔里木盆地北缘平原区递减的趋势,季节变化大,河流年径流量分配不均,大多数集中于夏季,冬春季节少;水质情况,其中Ⅰ类河长占评价总河长的23.2%,Ⅱ类河长占71.1%,Ⅲ类河长占4.2%,Ⅳ类河长占1.5%;农业面源污染较大,其中农村生活的污染最大;生活以及工业用水排污起伏变化大;水利设施建设不断完善,为塔里木河流域的工农牧业发展改善了供水条件,提高了供水保证率,塔里木河流域的治理,为受益区的经济发展起了有力的推动作用。

第4章　农业用水的经济效应分析：资源节约的视角

向轻耗水产业结构转型是缺水地区实现水资源可持续利用的根本途径。长期以来，以灌溉农业为绝对主体的塔里木河流域水资源利用，使其成为名副其实的重耗水产业经济结构，这种耗水经济结构也是塔里木河流域水资源开发过度利用、生态环境退化的深层经济原因。塔里木河流域的农业发展变迁史最早可以追溯到秦汉时期。从清朝后期开始，塔里木河流域的农业技术发展到一定水平，并种植了该区域适宜的作物。新疆和平解放前塔里木河流域历经了两次起伏，当时塔里木河流域的四代统治者分别对该流域作出了贡献及破坏，塔里木河流域的农业发展技术呈现出"M"形趋势。到解放前，塔里木河流域变得土地荒芜，农垦衰落。新疆和平解放后，塔里木河流域的农业得到了极大的发展，生产力迅速增长。特别是受"一黑一白"、中央扶贫及全国对口援疆工作等政策驱动，并随着塔里木河近期综合治理的结束，统一管理格局尚未形成，使得流域农业灌溉用水更为任意、便捷，实际灌溉面积开始大幅度增加，农业快速发展。可以说，近30年塔里木河流域农业仍然是以规模扩大为主要特征的粗放式增长，农作物种植规模是流域农业用水增长的核心驱动因素（张沛，2019）。水利基础设施增多、农业现代化水平的提高、农业开荒和开发行为效率得到了提高的同时，很多区域农业开发已超过了水资源和生态环境的承载力，对流域的水资源分配和生态环境都造成了较大的影响（雍会，2011）。《国务院关于塔里木河流域近期综合治理规划的批复》中明确指出不再扩大灌溉面积，但在项目实施过程中，流域内的灌溉面积持续增加，用水量不但抵消了治理工程节出的27亿 m³ 水量，同时还吞噬了近12年来因丰水期多出的近30亿 m³ 水量，严重影响了项目实施的效果。持续无序的垦荒增地、不断膨胀的灌溉规模与快速增长的农业用水，近期极大地制约着塔里木河流域新型工业化、新型城镇化等的顺利推进，也正孕育着一场难以修复甚至不可逆转的生态危机，长期更严重威胁南疆的稳定安全与生态文明，长远上则动摇着新疆社会稳定与长治久安的根本基石。

为缓解塔里木河流域过大的水土开发利用规模，缓解生态环境压力，党中央、国务院与新疆维吾尔自治区党委决定严格控制塔里木河流域灌溉规模，实行退地减水政策。

塔里木河流域绿洲农业生产发达但流域经济整体滞后，尤其是工业基础薄弱、发展缓慢，第三产业密度低、层次不高，导致水结构严重失衡，用水效率低。农业灌溉用水量增长过快，大量挤占工业、生活用水，影响流域中下游生态用水。而与农业用水量迅速增加形成巨大反差的是，农业用水增加值占国民经济的比重却持续下降。2012年新疆单方工业用水增加值286元，是农业用水增加值的121倍。

作为重要的农业资源，如何实现水资源的有效保护，实现利用效率的提高，实现资源节约,是实现农业三型发展的首要问题。

4.1　塔里木河流域经济发展概况

2020 年塔里木河流域内的五个地州国民生产总值为 4 125.12 亿元,占全疆国民生产总值的 29.9%;人均国民生产总值为 3.62 万元,占全疆人均国民生产总值的 67.65%,总体来看,塔里木河流域经济运行水平较低,人均国民生产总值低于全疆平均水平。

从地区国民生产总值来看,2020 年巴州的国民生产总值为 1 106.29 亿元,阿克苏的国民生产总值为 1 313.05 亿元,克州的国民生产总值为 169.24 亿元,喀什的国民生产总值为 1 130.22 亿元,和田的国民生产总值为 406.32 亿元;这五个地区占新疆国民生产总值的比值分别为:8.02%、9.51%、1.23%、8.19%、2.94%。阿克苏的国民生产总值占新疆国民生产总值比值最高,喀什紧跟其后排名第二,克州国民生产总值占新疆国民生产总值比值最低。

从人均国民生产总值来看,2020 年巴州的人均国民生产总值为 6.81 万元,比全疆人均国民生产总值高 27.05%,而其他四个地区的人均国民生产总值均低于全疆人均国民生产总值,其中,阿克苏人均国民生产总值为 4.85 万元,克州人均国民生产总值为 2.73 万元,喀什的人均国民生产总值为 2.52 万元,和田的人均国民生产总值为 1.22 万元,阿克苏、克州、喀什、和田的人均国民生产总值占全疆人均国民生产总值的 90.49%、50.93%、47.01%、22.76%。从数据可以看出,塔里木河流域大多数地区的经济运行水平较低,人均国民生产总值低于全疆平均水平。具体见表 4-1。

表 4-1　2020 年塔里木河流域五地州的国民生产总值及结构表

	巴州	阿克苏	克州	喀什	和田
国民生产总值/亿元	1 106.29	1 313.05	169.24	1 130.22	406.32
GDP 占比/%	8.02	9.51	1.23	8.19	2.94
人均国民生产总值/万元	6.81	4.85	2.73	2.52	1.22
人均占比/%	127.05	90.49	50.93	47.01	22.76
一产比重/%	16.2	23.8	10.6	28.7	18.8
二产比重/%	49.4	29.8	28.8	18.8	14.5
三产比重/%	34.4	46.4	60.6	52.5	66.7

注:数据来源于新疆统计年鉴。

4.2　塔里木河流域水资源利用情况

塔里木河流域水资源极为紧缺,且用水量逐年增加。整体来看,供水总量从 2010 年的 316.38 亿 m³ 增加到 2020 年的 326.45 亿 m³,地表水量从 2010 年的 274.57 亿 m³ 减少到

2020 年的 266.26 亿 m³,地下水量从 2010 年的 41.75 亿 m³ 增加到 58.61 亿 m³,第一产业用水量有所减少,从 306.63 亿 m³ 减少到 2020 年的 303.98 亿 m³;第二产业和第三产业用水量分别有所增加,即从 2010 年的 3.05 亿 m³、0.48 亿 m³ 增加到 2020 年的 3.70 亿 m³、0.71 亿 m³。总的来说,第一产业用水减少,第二、三产业用水增加。具体见表 4-2。

表 4-2 塔里木河流域水资源利用情况一览表

单位:亿 m³

	供水总量	地表水	地下水	用水总量	一产	二产	三产	生活	生态
2010	316.38	274.57	41.75	316.38	306.63	3.05	0.48	2.42	3.81
2011	304.88	265.29	39.54	304.88	294.79	3.44	0.51	3.1	3.03
2012	331.84	288.455	43.36	331.84	321.405	3.915	0.595	3.44	2.48
2013	358.8	311.62	47.18	358.8	348.02	4.39	0.68	3.78	1.93
2014	343.12	286.13	56.95	343.12	333.16	4.02	0.86	3.44	1.63
2015	340.37	292.12	48.2	340.37	330.32	3.75	0.93	3.77	1.53
2016	338.49	290.05	48.33	338.49	330.32	3.75	0.93	3.77	1.53
2017	327.96	281.38	46.04	327.96	314.21	4.99	1	4.95	2.81
2018	319.35	276.07	42.81	319.35	296.79	4.09	0.41	—	12.38
2019	338.9	288.18	50.34	338.9	323.25	3.51	—	—	5.83
2020	326.45	266.26	58.61	326.45	303.98	3.70	0.71	7.63	11.13

注:数据来源于新疆统计年鉴。

农业用水平均占塔里木河流域总供水的 93% 以上。塔里木河流域农业用水总量从 2010 年的 316.38 亿 m³ 增加到 2020 年的 326.45 亿 m³,增长比例为 17%,如图 4-1 所示。(数据来源于新疆统计年鉴)

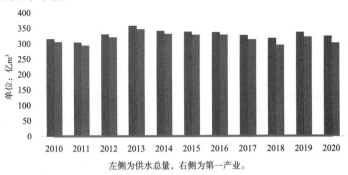

左侧为供水总量,右侧为第一产业。

图 4-1 2010—2020 年塔里木河流域供水与农业用水总量图

从表 4-3 中可以看出,塔里木河流域各地区中阿克苏和喀什地区的农业用水在塔里木河流域中的比例最高,每年用于农业的用水量在 100 亿 m³ 左右,巴州农业用水量从 40.9 亿 m³ 上升到 49.45 亿 m³;克州农业用水量从 8.54 亿 m³ 上升到 11.74 亿 m³;和田农业用水量从 44.73 亿 m³ 上升到 42.09 亿 m³。

表 4-3　2010—2020 年塔里木河流域各地区农业用水总量

年份	塔里木河流域农业用水量/亿 m³						用水总量占新疆比例/%
	总量	各地区					
		巴州	阿克苏	克州	喀什	和田	
2010	306.63	40.9	97.5	8.54	114.96	44.73	63.53
2011	294.79	38.43	99.23	8.1	107.22	41.81	61.59
2012	354.34	55.71	116.37	11.65	124.06	46.55	63.08
2013	348.02	53.95	115.55	10.58	122.55	45.39	62.60
2014	333.16	52.75	109.11	12.35	114.5	44.45	60.66
2015	330.32	51.83	105.77	11.70	116.25	44.77	60.45
2016	330.32	51.83	105.77	11.70	116.25	44.77	60.45
2017	314.21	43.79	105.23	10.65	111.22	43.32	61.09
2018	296.79	41.06	102.23	10.19	102.76	40.55	60.46
2019	323.25	49.00	114.79	9.96	109.76	39.74	63.17
2020	326.45	49.45	108.26	11.74	114.91	42.09	59.36

注:数据来源于新疆统计年鉴(2011—2021)。因 2012 数据未更新,故该年度采用《新疆水资源公报》。

从整体情况来看,农业用水量占比最大,工业用水次之,其后分别是生活用水、生态用水以及服务业用水。从 2010—2020 年,农业用水从 96.92% 下降到 93.12%,但生态用水量平均只占 1.34%。其余用水比例相继增加,生态用水增幅最大,说明随着农业绿色节水技术的发展,更多的水被用来生态补偿以及其他领域。

表 4-4　农业、工业、服务业、生活、生态用水占比表

年份	农业	工业	服务业	生活	生态
2010	96.92%	0.96%	0.15%	0.76%	1.20%
2011	96.69%	1.13%	0.17%	1.02%	0.99%
2012	96.86%	1.18%	0.18%	1.04%	0.75%
2013	97.00%	1.22%	0.19%	1.05%	0.54%
2014	97.10%	1.17%	0.25%	1.00%	0.48%
2015	97.05%	1.10%	0.27%	1.11%	0.45%
2016	97.59%	1.11%	0.27%	1.11%	0.45%
2017	95.81%	1.52%	0.30%	1.51%	0.86%
2018	92.94%	1.28%	0.13%	1.22%	3.88%
2019	95.38%	1.04%	0.21%	1.22%	1.72%
2020	93.12%	1.13%	0.21%	2.34%	3.41%

注:数据来源于新疆统计年鉴。

4.3 塔里木河流域农业用水效率分析

以每单位农业用水产值为例,塔里木河流域单位农业用水产值远低于全国水平,全国单位农业产值平均为塔里木河流域的9~10倍。但塔里木河流域单位农业产值总体呈上升趋势,2020年约为2010年的两倍,但单位农业产值的增加并不是由于农业用水量的减少,可以合理推测为在此十一年间农业相关科学技术的发展或是其他相关因素促使了这一结果。巴州地区平均年单位农业用水产值(4.36元/m³)超过新疆(3.93元/m³),阿克苏地区平均年单位农业用水产值为3.1元/m³。

表 4-5 塔里木河流域单位农业用水产值

单位:元/m³

年份	巴州	阿克苏	克州	喀什	和田	流域	新疆	全国
2010	3.17	1.99	0.91	1.51	0.86	1.77	4.46	18.37
2011	4.02	2.32	1.12	1.65	1.06	2.09	4.99	21.06
2012	3.94	2.63	1.09	1.73	1.14	2.24	5.43	22.12
2013	3.94	2.80	1.17	1.84	1.34	2.40	5.71	23.76
2014	4.18	2.92	1.06	2.10	1.51	2.58	2.32	25.28
2015	4.16	3.20	1.21	2.25	1.59	2.73	2.46	26.45
2016	4.57	3.28	1.28	2.57	1.62	2.94	2.82	28.26
2017	5.01	3.29	1.32	2.75	1.58	3.04	3.51	29.03
2018	4.93	3.73	1.52	3.19	1.97	3.39	4.09	30.75
2019	4.66	3.55	1.82	3.18	2.05	3.35	3.48	33.67
2020	5.44	4.39	1.90	3.56	2.32	3.91	3.96	38.14
均值	4.36	3.10	1.31	2.39	1.55	2.77	3.93	26.99

注:数据来源于《新疆统计年鉴》《中国统计年鉴》《中国农村统计年鉴》计算整理。

从单位农业用水产值数据能够概括性说明塔里木河流域历年农业用水效率处于波动上升状态,基于此本章将采用主成分分析与数据包络分析进一步剖析内在原因。

4.3.1 主成分分析

评价农业水资源利用效率需要综合各个维度进行指标的选取,但过多的指标会对评价信息造成干扰,从而很难客观评价研究对象。

使用主成分分析法对塔里木河流域的农业水资源利用效率进行综合评价。主成分分析法可以选取相对原始变量较少的有代表意义的指标进行降维,避免人为选取指标的主观性,所选取的指标更具有代表意义,能够表达出研究对象绝大多数信息。步骤如下。

(1)将所选取指标进行标准化处理,消除不同指标在量纲化和数量级之间的差异。

正向指标:$X_a = \dfrac{X_{ij} - X_{\min}}{X_{\max} - X_{\min}} + 0.000\,1$,负向指标:$X_b = \dfrac{X_{\max} - X_{ij}}{X_{\max} - X_{\min}} + 0.000\,1$。

参考刘瑜(2006)对农业水资源利用效率评价指标的选取,结合本研究区实际情况,对指标选取稍做改动。综合选取 13 个指标,分别反映水资源利用效率、经济效益、生态效益,以期从整体上反映塔里木河流域农业水资源利用的总体效率。

13 个指标分别为:水资源开发利用率(%)、农业水资源利用效率系数(kg/m³)、农田实灌亩均用水量(m³)、亩均水资源占有量(m³)、亩均农业产值(元)、农业产值占比(%)、农民人均纯收入(元)、人均水资源占有量(m³)、节水灌溉面积(hm²)、万元农业 GDP 水耗(m³/万元)、生态用水比例(%)、水土流失治理面积(hm²)、农业用水比例(%)。数据来源于《新疆统计年鉴》《新疆水资源公报》,所需数据的原始数据见附录 3。

(2)计算相关系数矩阵,该矩阵能够反映数据标准化之后的关联程度。$R = (\gamma_{ij})_{p \times p}$,$\gamma_{ij}$为第 i 项指标与第 j 项的相关系数。

(3)计算贡献率与累计贡献率。

通过 SPSS 26 软件得到主成分分析结果见表 4-6。

表 4-6　主成分系数及累计贡献率

主成分	Y_1	Y_2	Y_3
X_1	−0.196	0.048	0.665
X_2	0.32	−0.179	0.132
X_3	0.328	−0.101	0.017
X_4	−0.326	0.149	0.24
X_5	0.286	0.112	0.262
X_6	0.328	−0.164	0.133
X_7	0.341	0.051	0.136
X_8	−0.268	−0.044	0.535
X_9	−0.205	−0.324	−0.143
X_{10}	0.329	−0.031	0.198
X_{11}	0.095	0.61	−0.049
X_{12}	−0.039	0.622	−0.104
X_{13}	0.328	0.155	0.139
累计贡献率/%	61.43	79.62	90.42

由表 4-6 可知,第一、二、三主成分累计贡献率达 90.42%。因此,选取前三个主成分能解释农业水资源利用效率综合评价 90.42% 的内容。

主成分 Y_1 在农民人均纯收入、亩均农业产值、农田实灌亩均用水量、水土流失治理面积的总值上有着很明显的因子载荷。于是,可认为主成分 Y_1 主要度量农业水资源利用的经济效益;主成分 Y_2 在生态用水比例、农业用水比例、农业产值占比、农业水资源利用效率系数、万元农业 GDP 水耗五个指标上有明显高的因子载荷,则可认为主成分 Y_2 主要用来度量农业水资源利用的生态效益;主成分 Y_3 在水资源开发利用率、人均水资源占有量、亩均水资源占有量三个指标上有着明显的因子载荷。因此,主成分 Y_3 则可用来度量农业水资源利用的利用效益。

(4)构建综合评价函数。以每个主成分贡献率为权重:$Y = \alpha Y_1 + \beta Y_2 + \cdots + \lambda Y_n$。

以上三个主成分合理地综合了"农业水资源利用效率"的原有 13 个指标信息,并从各个方面反映了塔里木河流域水资源利用效率。据此建立主成分综合评价模型:

$$Y = 0.614y_1 + 0.182y_2 + 0.108y_3$$

对塔里木河流域的农业水资源综合利用效率水平按主成分综合得分 Y 进行排序,见表 4-7。

表 4-7 塔里木河流域农业水资源综合利用效率各年综合得分排序

年份	得分	排序
2004	−0.32	17
2005	−0.17	16
2006	−0.02	15
2007	0.14	14
2008	0.21	12
2009	0.43	11
2010	0.19	13
2011	0.47	10
2012	0.5	8
2013	0.49	9
2014	0.8	6
2015	0.81	5
2016	0.79	7
2017	0.98	4
2018	1.39	2
2019	1.36	3
2020	1.61	1

从表 4-7 可以看出,塔里木河流域的农业水资源利用效率得分整体逐年上升,代表其水资源利用的经济效益和生态效益越来越好,这与塔里木河流域近年来综合治理成效密不可分。进一步分析塔里木河流域各地州农业用水效率需进行数据包络分析得出结果。

4.3.2　数据包络分析

数据包络分析方法(DEA,data envelopment analysis)由 Charnes、Coopor 和 Rhodes 于 1978 年提出,该方法的原理主要是通过保持决策单元(DMU,decision making units)的输入或者输出不变,借助于数学规划和统计数据确定相对有效的生产前沿面,将各个决策单元投影到 DEA 的生产前沿面上,并通过比较决策单元偏离 DEA 前沿面的程度来评价它们的相对有效性。

(1)首先参考 Coelli 等(2002)构建的技术效率测算与分解的基本分析框架,来确定用于测算和分析塔里木河流域农业用水效率的投入产出指标。

(2)建立评价体系,选择决策单元。本节选取农业生产增加值为产出指标;农业固定资产投资、农业用水量和农业从业人数为投入指标。

产出指标。农业生产增加值是指项目在报告期(一年)内农林牧渔及农林牧渔业生产货物或提供活动而增加的价值。该指标能够反映农业生产经营活动的最终成果和对社会的贡献。

投入指标。①农业固定资产占用的资金称为农业固定资金。农业固定资产投资可以在增加当年 GDP 的同时形成未来的生产和服务能力。该指标可理解为生产函数中的资本要素。②农业用水量则代表农业生产中必要的资源要素。③农业从业人数则代表劳动要素。数据来源于《新疆统计年鉴》,所需数据的原始数据见附录3。

(3)使用 DEAP 2.1 软件得出 DEA-BCC 模型结果见表 4-8。其结果有两类:①$\theta=1$,DEA 有效,表示投入与产出比达到最优;②$\theta<1$,非 DEA 有效,表示投入与产出比没有达到最优,一般来说,θ 越大说明效果越好。

表 4-8　2004—2020 年塔里木河流域五地州农业用水效率值

年份	综合效率		技术效率		规模效益			
	均值	TE=1 的地区	均值	PTE=1 的地区	均值	SE=1 的地区	递增的地区	递减的地区
2004	0.724	1,4	0.792	1,4	0.880	1,4	2,3,5	—
2005	0.830	1,4	0.905	1,4	0.924	1,4	2,3,5	—
2006	0.778	1,3	0.827	1,3	0.939	1,3	2	4,5
2007	0.788	3,4	0.797	1,3,4	0.984	3,4	—	1,2,5
2008	0.447		0.646	1	0.767		3,5	1,2,4
2009	0.481		0.582	1	0.822		2,3,4,5	1
2010	0.459		0.543	1	0.813		2,3,4,5	1
2011	0.560	2	0.603	1,2	0.957	2,4,5		1
2012	0.481	1	0.647	1,3	0.822	1	2,3,4,5	
2013	0.591	2	0.659	1,2	0.868	1	3,5	4

年份	综合效率		技术效率		规模效益			
	均值	TE=1 的地区	均值	PTE=1 的地区	均值	SE=1 的地区	递增的地区	递减的地区
2014	0.725	3,5	0.756	3,5	0.940	3,5	1,2,4	
2015	0.620	1,2	0.707	1,2	0.859	1,2	3,5	
2016	0.665	1,2	0.749	1,2	0.875	1,2	3,5	4
2017	0.742		0.865	1,2	0.854	1,2	3,5	4
2018	0.511		0.856	1,2,3	0.644		3,5	1,2,4
2019	0.374		0.707	1,2	0.658		3,5	1,2,4
2020	0.307	3	0.464	3,5	0.650	3	1,2,4	5

注：本表中1表示巴音郭楞蒙古自治州；2表示阿克苏地区；3表示克孜勒苏柯尔克孜自治州；4表示喀什地区；5表示和田地区。

2004—2020年塔里木河流域农业用水效率平均为0.593，表明塔里木河流域农业用水效率存在效率损失，这表明，塔里木河流域农业用水效率有较大的提升潜力。

从不同年份来看，2004—2020年塔里木河流域农业用水效率处于下降趋势，农业用水效率从2004年的0.724下降到2020年的0.307。从阶段来说，第一阶段是2004—2007年农业用水效率高于0.7，第二阶段是2008—2013年农业用水效率基本在0.45～0.6之间变动，第三阶段是2014—2020年农业用水效率由0.7持续下降至0.4以下。

基于地州数据，根据DEA-BCC模型测算的塔里木河流域各地区的农业用水效率值如表4-9所示。2004—2020年期间，阿克苏地区、巴州的农业用水的综合技术效率高，在0.65以上；和田地区和克州的农业用水综合技术效率较低，其值在0.4～0.5之间。巴州、阿克苏、克州的农业用水纯技术效率在0.7以上；和田地区的纯技术效率为0.474。巴州、阿克苏、喀什、和田的农业用水规模效率在0.8以上，克州的农业用水规模效率为0.639。喀什地区的农业用水的综合技术效率低主要是由于喀什地区的纯技术效率较低。和田地区的农业用水的综合技术效率比较低主要是由于和田地区的纯技术效率较低。克州的农业用水的综合技术效率比较低主要是由于克州的规模效率较低。

表4-9 2004—2020年塔里木河流域各地区农业用水效率平均值

地区	综合效率	技术效率	规模效率
巴州	0.815	0.922	0.882
阿克苏	0.669	0.739	0.918
克州	0.482	0.748	0.639
喀什	0.600	0.676	0.872
和田	0.399	0.474	0.881

总的来说,塔里木河流域技术效率偏低,均值为 0.712<1,代表要素技术效率还有提升空间。规模效率均值为 0.839<1,代表规模收益递增(规模过小可扩大规模提升收益)。但受塔里木河流域有限水资源影响,应基本保持现有规模不变,改善农业灌溉的输水、节水技术来提升综合收益。

以上实证结果表明塔里木河流域农业用水效率虽逐年提升,但存在较为严重的空间差异,尤其克州与和田地区,前者规模效率较低,导致综合效率仅为 0.482,说明克州加大农业投入能使规模效益递增;后者技术效率偏低,代表和田地区应加大对农业节水技术的研发,通过改进灌溉设备方式提升该地农业用水效率。

4.4　基于脱钩指数对水资源利用与经济发展关系的分析

4.4.1　脱钩指数

研究水资源利用与经济增长之间的关系,有利于实现经济的可持续发展和水资源的经济效益最大化。脱钩分析是一种研究社会中各领域经济增长和物质消耗之间相互影响的方法,脱钩(decoupling)本质上是指两个相关变量之间不同的变化趋势,也有研究称之为解耦、脱耦,所表达含义相同,均为耦合(coupling)的反义。在经济增长的同时实现资源消耗减少或环境影响降低的现象即为脱钩。

脱钩分析就是对相关变量在给定时间范围内的脱钩关系及其程度进行定量评价和判断的过程。目前应用较广泛的分析方法主要有三种:一是世界经合发展组织(OECD)提出的脱钩指数模型;二是(Vehmas et al.,2003)研究欧盟 15 个成员国物质消耗与 GDP 的脱钩关系时,提出了基于变化量综合分析的脱钩分析方法,综合考虑环境压力、经济增长以及单位GDP 环境压力(ES/GDP),其中 ES(environmental stress);三是 Tapio 提出的脱钩弹性模型,将脱钩关系细分为八类。随着相关理论和分析方法的日趋成熟,脱钩分析在国内的研究和应用也日益增多。

Tapio 的脱钩弹性模型基于水资源消耗量和经济增长总量,综合了总量变化和相对量联系,采用物质消耗和经济环比增长率的比值客观反映动态脱钩关系,本书借鉴碳排放的Tapio 脱钩模型,将经济增长与水资源消耗的脱钩模型定义为:

$$G_{(\mathrm{wat,GDP})} = \frac{(\mathrm{wat}_{t+1} - \mathrm{wat}_t)/\mathrm{wat}_t}{(\mathrm{GDP}_{t+1} - \mathrm{GDP}_t)/\mathrm{GDP}_t}$$

式中,G 代表 Tapio 脱钩弹性系数,wat_{t+1} 和 wat_t 分别表示 $t+1$,t 期经济增长用水量,GDP_{t+1} 和 GDP_t 分别表示 $t+1$,t 期国内生产总值。当二者增长率变化不一致时就会导致脱钩。

根据已有研究,通常将脱钩弹性值 0.8 和 1.2 作为评价结果划分依据。参照已有文献的划分标准,可将脱钩关系划分为三大类八小类。具体见表 4-10。

表 4-10 Tapio 脱钩弹性系数分类与评价标准

脱钩类型	wat 增长率	GDP 增长率	G 值	脱钩时态判别
脱钩	>0	>0	$0 \leqslant G < 0.8$	弱脱钩
	<0	>0	$G < 0$	强脱钩
	<0	<0	$G > 1.2$	衰退脱钩
负脱钩	>0	>0	$G > 1.2$	扩张性负脱钩
	>0	<0	$G < 0$	强负脱钩
	<0	<0	$0 \leqslant G < 0.8$	弱负脱钩
连接	>0	>0	$0.8 \leqslant G \leqslant 1.2$	扩张连接
	<0	<0	$0.8 \leqslant G \leqslant 1.2$	衰退连接

4.4.2 塔里木河流域水资源利用与经济发展脱钩关系分析

如表 4-11 所示,2010—2019 年塔里木河流域经济增长与水资源消耗量的脱钩形式经历了三种情况:强脱钩、弱脱钩、弱负脱钩。2010、2013、2014、2016、2017、2019 年用水总量变化率小于 0,GDP 变化率大于 0,Tapio 脱钩弹性均小于 0,经济增长与水资源利用呈现强脱钩,表明塔里木河流域经济增长,水资源利用增加,水资源利用增加的幅度小于经济增长的幅度。2012、2018 年用水总量变化率大于 0,GDP 变化率大于 0,Tapio 脱钩弹性大于 0,Tapio 脱钩弹性呈现弱脱钩状况。2015 年用水总量变化率小于 0,GDP 变化率小于 0,Tapio 脱钩弹性大于 0,2015 年塔里木河流域的 Tapio 脱钩弹性呈现弱负脱钩状况,即弱耦合状态。总体来看,2010—2019 年间塔里木河流域水资源利用与经济增长之间的关系是脱钩与耦合紧密相连状态。

表 4-11 塔里木河流域用水总量与生产总值脱钩评价结果

时间	wat 增长率	GDP 增长率	G 值	脱钩态势
2010	−0.036	0.238	−0.153	强脱钩
2011	0.088	0.188	0.471	弱脱钩
2012	0.081	0.161	0.504	弱脱钩
2013	−0.044	0.108	−0.405	强脱钩
2014	−0.008	0.048	−0.167	强脱钩
2015	−0.006	−0.034	0.164	弱负脱钩
2016	−0.031	0.110	−0.283	强脱钩
2017	−0.026	0.082	−0.321	强脱钩
2018	0.061	0.168	0.365	弱脱钩
2019	−0.037	0.045	−0.812	强脱钩

4.4.3　巴州与阿克苏水资源利用与经济发展脱钩关系分析

1.巴州与阿克苏水资源总量与 GDP 脱钩关系分析

根据巴州和阿克苏在 2010—2019 年用水总量和经济总量数据,计算其变化率与 Tapio 脱钩弹性,结果见表 4-12。

表 4-12　巴州和阿克苏地区用水总量与生产总值脱钩评价结果

时间	巴州				阿克苏			
	wat 增长率	GDP 增长率	G 值	脱钩态势	wat 增长率	GDP 增长率	G 值	脱钩态势
2010	0.052 8	0.217 1	0.243 0	弱脱钩	−0.034 0	0.236 1	−0.144 1	强脱钩
2011	−0.061 2	0.249 5	−0.245 4	强脱钩	0.015 1	0.277 8	0.054 2	弱脱钩
2012	0.197 1	0.134 6	1.464 2	扩张性负脱钩	0.082 8	0.209 4	0.395 2	弱脱钩
2013	0.164 6	0.120 6	1.365 2	扩张性负脱钩	0.076 4	0.131 5	0.581 4	弱脱钩
2014	−0.025 6	0.100 1	−0.256 2	强脱钩	−0.058 4	0.082 7	−0.705 5	强脱钩
2015	−0.017 4	−0.071 3	0.244 3	弱负脱钩	−0.036 2	0.080 4	−0.449 9	强脱钩
2016	−0.020 4	−0.129 1	0.158 4	弱负脱钩	0.007 9	−0.021 5	−0.368 1	强负脱钩
2017	−0.088 5	0.079 0	−1.120 2	强脱钩	−0.007 0	0.153 8	−0.045 5	强脱钩
2018	0.081 1	0.052 4	1.547 9	扩张性负脱钩	−0.027 3	0.123 2	−0.221 5	强脱钩
2019	−0.032 4	0.118 6	−0.273	强脱钩	0.017 9	0.189 8	0.094 1	弱脱钩

2010—2019 年巴州地区经济增长与水资源消耗量的脱钩形式经历了四种情况:弱脱钩、强脱钩、弱负脱钩、扩张性负脱钩。2010 年用水总量变化率大于 0,GDP 变化率大于 0,Tapio 脱钩弹性小于 0.8,经济增长与水资源利用呈现弱脱钩,表明巴州地区经济增长,水资源利用增加,水资源利用增加的幅度小于经济增长的幅度。2011 年、2014 年、2017 年、2019 年巴州用水总量变化率小于 0,GDP 变化率大于 0,Tapio 脱钩弹性为负值,这四年经济增长与水资源利用呈现强脱钩。2012 年、2013 年、2018 年用水总量变化率大于 0,GDP 变化率大于 0,Tapio 脱钩弹性大于 1.2,2012 年、2013 年、2018 年巴州的 Tapio 脱钩弹性呈现扩张性负脱钩状况,即耦合状态。2015 年、2016 年用水总量变化率小于 0,GDP 变化率小于 0,Tapio 脱钩弹性大于 0,2015 年、2016 年巴州的 Tapio 脱钩弹性呈现弱负脱钩状况,即弱耦合状态。总体来看,2010—2019 年间巴州水资源利用与经济增长之间的关系是脱钩与耦合紧密相连状态。

2010—2019 年阿克苏地区经济增长与水资源消耗量的脱钩形式经历了三种情况:弱脱

钩、强脱钩和强负脱钩。2011 年、2012 年、2013 年、2019 年用水总量变化率大于 0,GDP 变化率大于 0,Tapio 脱钩弹性均小于 0.8,这四年经济增长与水资源利用呈现弱脱钩,表明阿克苏地区经济增长,水资源利用增加,水资源利用增加的幅度小于经济增长的幅度。2010 年、2014 年、2015 年、2017 年、2018 年阿克苏用水总量变化率小于 0,GDP 变化率大于 0,Tapio 脱钩弹性为负值,这五年经济增长与水资源利用呈现强脱钩。2016 年用水总量变化率大于 0,GDP 变化率小于 0,Tapio 脱钩弹性小于 0,2016 年阿克苏的 Tapio 脱钩弹性呈现强负脱钩状况,即强耦合状态。总体来看,阿克苏地区水资源利用 5 次强脱钩表现为当经济保持增长时,水资源消耗量下降;4 次弱脱钩经济持续增长时,水资源消耗量虽然增加,但是经济增长速度快于水资源消耗速度。

2.巴州和阿克苏的农业用水与农业经济增长脱钩状态分析

根据巴州和阿克苏在 2010—2019 年农业用水量和农业增加值数据,计算其变化率与 Tapio 脱钩弹性,结果见表 4-13。

表 4-13　巴州和阿克苏地区农业用水与农业增加值脱钩评价结果

时间	巴州				阿克苏			
	农业用水增长率	农业增加变化率	G 值	脱钩态势	农业用水增长率	农业增加变化率	G 值	脱钩态势
2010	0.041 2	0.285 4	0.144 5	弱脱钩	−0.037 7	0.259 9	−0.145 1	强脱钩
2011	−0.060 4	0.203 0	−0.297 5	强脱钩	0.017 7	0.169 0	0.105 0	弱脱钩
2012	0.201 9	0.194 7	1.037 1	扩张连接	0.082 2	0.188 9	0.435 2	弱脱钩
2013	0.168 0	0.136 3	1.233 0	扩张性负脱钩	0.076 0	0.148 2	0.512 6	弱脱钩
2014	−0.022 2	0.045 7	−0.486 9	强脱钩	−0.055 7	0.001 2	−47.604 6	强脱钩
2015	−0.017 4	−0.017 6	0.988 2	衰退连接	−0.030 6	0.071 0	−0.430 8	强脱钩
2016	0.000 0	0.098 3	0.000 0	弱脱钩	0.000 0	−0.012 0	0.000 0	弱负脱钩
2017	−0.155 1	−0.104 3	1.487 1	衰退脱钩	−0.005 1	−0.035 5	0.144 0	弱负脱钩
2018	−0.062 3	−0.129 9	0.480 0	弱负脱钩	−0.028 5	0.152 2	−0.187 3	强脱钩
2019	0.193 4	0.122 4	1.580 3	扩张性负脱钩	0.122 9	0.063 1	1.946 8	扩张性负脱钩

2010—2019 年巴州地区农业增长与农业水资源消耗量的脱钩形式经历了七种情况:弱脱钩、强脱钩、扩张连接、扩张性负脱钩、衰退脱钩、衰退连接、弱负脱钩。2010 年、2016 年农业用水总量变化率大于 0,农业增加值的变化率大于 0,Tapio 脱钩弹性均小于 0.8,这两年农业增加值与农业用水呈现弱脱钩,表明巴州地区农业增长,农业用水增加,农业用水增加的幅度小于农业经济增长的幅度。2011 年、2014 年巴州农业用水总量变化率小于 0,农业增加值的变化率大于 0,Tapio 脱钩弹性为负值,这两年农业经济增长与农业用水呈现强脱钩。

2012 年农业用水总量变化率大于 0,农业增加值的变化率大于 0,Tapio 脱钩弹性大于 0.8,2012 年巴州的农业增加值与农业用水 Tapio 脱钩弹性呈现扩张连接状态。2013 年、2019 年农业用水总量变化率大于 0,农业增加值的变化率大于 0,Tapio 脱钩弹性大于 1.2,2013 年、2019 年巴州的 Tapio 脱钩弹性呈现扩张性负脱钩状况,即耦合状态。2015 年农业用水总量变化率小于 0,农业增加值的变化率小于 0,Tapio 脱钩弹性大于 0,2015 年巴州的 Tapio 脱钩弹性呈现衰退连接状况。2017 年农业用水总量变化率小于 0,农业增加值的变化率小于 0,Tapio 脱钩弹性大于 1.2,2017 年巴州的 Tapio 脱钩弹性呈现衰退脱钩状况。2018 年用水总量变化率小于 0,农业增加值变化率小于 0,Tapio 脱钩弹性大于 0,2018 年巴州的 Tapio 脱钩弹性呈现弱负脱钩状况,即弱耦合状态。总体来看,2010—2019 年巴州地区农业经济增长与农业经历了 2 次弱脱钩、2 次强脱钩、2 次扩张性负脱钩、1 次扩张连接、1 次衰退连接、1 次衰退脱钩、1 次弱负脱钩。

2010—2019 年阿克苏地区农业经济增长与农业用水的脱钩形式经历了四种情况:弱脱钩、强脱钩、弱负脱钩、扩张性负脱钩。2011 年、2012 年、2013 年农业用水总量变化率大于 0,农业增加值的变化率大于 0,Tapio 脱钩弹性均小于 0.8,农业经济增长与农业用水呈现弱脱钩,表明阿克苏地区农业发展,农业用水增加,农业用水增加的幅度小于农业经济增长的幅度。2010 年、2014 年、2015 年、2018 年阿克苏农业用水变化率小于 0,农业增加值的变化率大于 0,Tapio 脱钩弹性为负值,农业增长与农业用水呈现强脱钩。2016 年、2017 年用水总量变化率小于 0,GDP 变化率小于 0,Tapio 脱钩弹性大于 0,2016 年、2017 年阿克苏的 Tapio 脱钩弹性呈现扩张性负脱钩状况。2019 年用水总量变化率大于 0,GDP 变化率大于 0,Tapio 脱钩弹性大于 1.2,2019 年阿克苏的 Tapio 脱钩弹性呈现扩张性负脱钩状态。总体来看,2010—2019 年阿克苏地区农业发展与农业用水经历了 3 次弱脱钩、4 次强脱钩、2 次弱负脱钩、1 次扩张性负脱钩,阿克苏地区农业发展与农业用水表现为脱钩状态。

4.4.4 克州、喀什、和田水资源利用与经济发展脱钩关系分析

根据南疆三地州:克州、喀什地区、和田地区 2010—2019 年用水总量和经济总量数据,计算其变化率与 Tapio 脱钩弹性,结果见表 4-14、表 4-15、表 4-16。

1.克州脱钩状态分析

2010—2019 年克州地区经济增长与水资源消耗量的脱钩形式经历了三种情况:弱脱钩、强脱钩、扩张连接(见表 4-14)。2010 年、2012 年、2013 年用水总量变化率大于 0,GDP 变化率大于 0,Tapio 脱钩弹性均小于 0.8,经济增长与水资源利用呈现弱脱钩,表明克州地区经济增长,水资源利用增加,水资源利用增加的幅度小于经济增长的幅度。2011 年、2015 年、2016 年、2017 年、2018 年、2019 年克州用水总量变化率小于 0,GDP 变化率大于 0,Tapio 脱钩弹性为负值,经济增长与水资源利用呈现强脱钩。2014 年水总量变化率大于 0,GDP 变化率大于 0,Tapio 脱钩弹性大于 0.8 小于 1.2,2014 年克州的 Tapio 脱钩弹性呈现扩张连接状况。总体来看,克州水资源利用 6 次强脱钩表现为当经济保持增长时,水资源消耗量下降;3 次弱脱钩经济持续增长时,水资源消耗量虽然增加,但是经济增长速度快于水资源消耗速度;1 次扩张性连接表明经济持续增长时,水资源消耗量增加超过了经济增长速度,表明还有巨大的水资源需求。

表 4-14　克州经济增长与水资源脱钩评价结果

时间	wat 增长率	GDP 增长率	G 值	脱钩态势
2010	0.061 3	0.197 5	0.310 3	弱脱钩
2011	−0.048 7	0.235 3	−0.206 9	强脱钩
2012	0.153 0	0.270 8	0.564 9	弱脱钩
2013	0.132 7	0.275 4	0.481 8	弱脱钩
2014	0.167 7	0.146 5	1.144 8	扩张连接
2015	−0.045 3	0.120 9	−0.374 6	强脱钩
2016	−0.072 8	0.003 0	−24.119 8	强脱钩
2017	−0.007 1	0.182 6	−0.038 6	强脱钩
2018	−0.024 0	0.086 3	−0.277 9	强脱钩
2019	−0.091 6	0.234	−0.391 3	强脱钩

2.喀什地区脱钩状态分析

2010—2019 年喀什地区经济增长与水资源消耗量的脱钩形式经历了三种情况:弱脱钩、强脱钩、弱负脱钩(见表 4-15)。2010 年、2012 年、2013、2015 年、2019 年用水总量变化率大于 0,GDP 变化率大于 0,Tapio 脱钩弹性均小于 0.8,经济增长与水资源利用呈现弱脱钩,表明喀什地区经济增长,水资源利用增加,水资源利用增加的幅度小于经济增长的幅度。2011 年、2014 年、2017 年、2018 年喀什地区用水总量变化率小于 0,GDP 变化率大于 0,Tapio 脱钩弹性为负值,经济增长与水资源利用呈现强脱钩。2016 年用水总量变化率小于0,GDP 变化率小于 0,Tapio 脱钩弹性大于 0,2016 年喀什的 Tapio 脱钩弹性呈现弱负脱钩状况,即弱耦合状态。总体来看,喀什地区经济一直在增长,4 次强脱钩表现为当经济保持增长时,水资源消耗量下降;5 次弱脱钩表现为大多年份水资源消耗量虽然增加,但是经济增长速度快于水资源消耗速度。

表 4-15　喀什经济增长与水资源脱钩评价结果

时间	wat 增长率	GDP 增长率	G 值	脱钩态势
2010	0.080 1	0.266 5	0.300 5	弱脱钩
2011	−0.058 0	0.167 2	−0.346 7	强脱钩
2012	0.067 2	0.231 3	0.290 3	弱脱钩
2013	0.062 9	0.193 2	0.325 7	弱脱钩
2014	−0.064 4	0.115 2	−0.559 2	强脱钩
2015	0.018 7	0.133 2	0.140 1	弱脱钩
2016	−0.008 2	−0.026 0	0.314 0	弱负脱钩
2017	−0.025 3	0.101 5	−0.248 8	强脱钩
2018	−0.071 0	0.063 5	−1.119 4	强脱钩
2019	0.012 7	0.177 7	0.071 7	弱脱钩

3.和田地区脱钩状态分析

2010—2019 年和田地区经济增长与水资源消耗量的脱钩形式经历了三种情况：弱脱钩、强脱钩、扩张性负脱钩。2010 年、2012 年、2013、2015 年、2019 年用水总量变化率大于 0，GDP 变化率大于 0，Tapio 脱钩弹性均小于 0.8，经济增长与水资源利用呈现弱脱钩，表明和田地区经济增长，水资源利用增加，水资源利用增加的幅度小于经济增长的幅度。2011 年、2014 年、2017 年、2018 年和田地区用水总量变化率小于 0，GDP 变化率大于 0，Tapio 脱钩弹性为负值，经济增长与水资源利用呈现强脱钩。2016 年用水总量变化率大于 0，经济增长的变化率小于 0，Tapio 脱钩弹性大于 1.2，2016 年经济增长与水资源利用 Tapio 脱钩弹性呈现扩张性负脱钩状况，即耦合状态。总体来看，2010—2019 年和田地区经济增长与水资源消耗量经历了 5 次弱脱钩，4 次强脱钩，1 次扩张性负脱钩。总体来看，和田地区经济一直在增长，4 次强脱钩表现为当经济保持增长时，水资源消耗量下降；5 次弱脱钩表现为大多年份水资源消耗量虽然增加，但是经济增长速度快于水资源消耗速度。

表 4-16　和田经济增长与水资源脱钩评价结果

时间	wat 增长率	GDP 增长率	G 值	脱钩态势
2010	0.012 7	0.168 4	0.075 2	弱脱钩
2011	−0.067 0	0.227 0	−0.295 2	强脱钩
2012	0.039 4	0.159 8	0.246 5	弱脱钩
2013	0.037 9	0.165 4	0.229 1	弱脱钩
2014	−0.023 1	0.156 0	−0.148 3	强脱钩
2015	0.014 7	0.179 6	0.081 8	弱脱钩
2016	0.779 4	0.009 7	79.991 4	扩张性负脱钩
2017	−0.458 2	0.126 4	−3.625 9	强脱钩
2018	−0.027 6	0.147 9	−0.186 3	强脱钩
2019	0.028 1	0.235 9	0.119 1	弱脱钩

通过对比分析得出，南疆五地州中的阿克苏地区与克州经历强脱钩和弱脱钩的时期较长，此时的水资源消耗量是低于农业经济增长的且水资源消耗增量低于农业经济增长速度，总体来说这两个地区的农业用水消耗量和农业增加值是往好的方向发展的。而巴州、喀什、和田地区经历了扩张性连接、扩张性负脱钩这些时期，这些时期经济持续增长时，水资源消耗量增加超过了甚至远远超过经济增长速度，还有巨大的水资源需求，表明水资源耗用量大且低效，在农业用水效率方面，还有很多工作要做。

总体来说，五个地区的农业用水消耗量所带来的农业增加值仍不乐观，对于区域国民生产总值的贡献远不及工业，要想实现农业用水与经济增长双向发展，我们还需要继续探索提高水资源利用效率的方法，以实现农业快速发展。

各地州农业用水与经济增长之间总体呈现脱钩状态，即解耦，为进一步验证此结果，可将农业经济与水资源环境分别看作两个系统，采用耦合分析得出更加科学完整的结论。

4.5 农业经济系统与水资源环境系统耦合分析

4.5.1 方法

农业经济和水资源环境系统综合评价指标体系是综合农业、经济、水资源和生态环境多方面、多学科的复合体系,涉及面广,研究时段长、样本数据多。为了克服主观赋权法客观性差的缺点,也为了减少单一客观赋权法本身的局限性和计算结果的差异,本书采用变异系数法、熵值法这两种客观赋权法相结合的客观组合赋权法确定指标的权重。评价指标体系具有较好代表性和适用性,评价方法简便有效,可为区域农业经济和水资源环境耦合协调关系研究提供参考。

1.变异系数法

变异系数法是根据统计学方法计算出系统各指标变化程度的方法,变化差异较大的指标权重较大,变化差异较小的指标权重较小。计算公式:

$$W_{1j} = (V_j / \sum_{j=1}^{m} V_j)$$

$$V_j = (\delta_i / \overline{X}_j)$$

$$\delta_i = \sqrt{\frac{1}{m} \sum_{j=1}^{m} (X_{ij} - \overline{X})^2}$$

式中,W_{1j} 为第 j 项指标的权重,V_j 为第 j 项指标的变异系数,$\overline{X}_j$ 为第 j 项指标的平均数,δ_i 为第 i 项指标的标准差。

对于多层次结构的评价指标体系,可以利用下层结构的变异系数值,按比例确定对应于上层结构的权重数值。对下层结构的每类指标的变异系数值求和,得到准则层各类指标的变异系数值和,记作 $V_k, k = 1, 2, \cdots, n, n$ 为准则层的层数。计算公式为:

$$W_{1k} = (V_k / \sum_{k=1}^{n} V_j)$$

2.熵值法

由于评价指标的原始数据量纲各不相同,为消除因量纲不同对评价结果的影响,运用熵值法求权重之前需要对数据进行标准化处理,采用极值标准化方法(窦圣超,2020)。

熵值法求权重公式:

$$f_{ij} = \gamma_{ij} / \sum_{k=1}^{n} \gamma_{ij}$$

$$E_j = -\frac{1}{\ln m} \sum_{j=1}^{m} f_{ij} \ln(f_i j)$$

$$d_j = 1 - E_j$$

$$W_{2j} = d_j / \sum_{j=1}^{m} d_j$$

式中，f_{ij} 为第 i 年第 j 项指标比重，E_j 为指标的信息熵，d_j 为指标差异性系数，W_{2j} 为第 j 项指标权重。

3.组合赋权

将变异系数法与熵值法得到的指标权重加总，得到最终权重，公式为：

$$W_j = \alpha W_{1j} + (1-\alpha)W_{2j}$$

$$\alpha = \frac{R_{EN} \times n}{n-1}$$

$$R_{EN} = \frac{2}{n}(1 \times p_1 + 2 \times p_2 + \cdots + n \times p_n) - \frac{n+1}{n}$$

式中，W_j 为组合权重，α 取值借鉴相关研究（范春梅，2005），R_{EN} 为差异程度系数，$R_{EN} \in [0, 1]$，p_1, p_2, p_n 是将变异系数法所得到的指标权重按照大小顺序排序。

4.综合评价函数

借鉴物理学中容量耦合内容，构建农业经济与水资源环境系统耦合协调度模型，首先对两系统各自的综合评价函数进行计算。

农业经济系统：

$$K = \sum_{j=1}^{m} W_j^k \gamma_{ij}^k$$

式中，K 代表农业经济系统综合评价函数，代表各指标对系统的贡献程度，W_j^k 为农业经济系统各指标权重，γ_{ij}^k 为标准化后数值。

水资源环境系统：

$$Z = \sum_{j=1}^{m} W_j^z \gamma_{ij}^z$$

式中，Z 代表水资源环境系统综合评价函数，代表各指标对系统的贡献程度，W_j^z 为水资源环境系统各指标权重，γ_{ij}^z 为标准化后数值。

参考相关文献（Geng，2020）对两系统综合评定进行等级划分，见表 4-17。

表 4-17　综合发展指数等级

综合发展指数	$Z \geqslant 0.75$	$0.5 \leqslant Z < 0$	$0.25 \leqslant Z < 0$	$Z < 0.25$
等级	优秀	良好	一般	差

5.耦合协调度模型

根据两系统综合评价函数的计算结果进一步建立耦合协调度模型，具体如下：

$$C = \left[(K \times Z) / \left(\frac{K+Z}{2} \right)^2 \right]^{1/2} = \frac{2\sqrt{K \times Z}}{K+Z}$$

$$D = \sqrt{C \times T}, \quad T = aK + bZ$$

式中,C 为耦合度,T 为两系统综合评价指数,a,b 为待定系数,取值 0.5(喻笑勇 等,2018),D 为耦合协调度。参考相关文献(赵良仕,2021)得到耦合协调度分类及判别标准见表 4-18。

表 4-18 耦合协调度的分类体系和判别标准

阶段	耦合协调度 D	协调类型
发展失调阶段	0.00～0.09	极度失调衰退
	0.10～0.19	严重失调衰退
	0.20～0.29	中度失调衰退
	0.30～0.39	轻度失调衰退
过渡阶段	0.40～0.49	濒临失调衰退
	0.50～0.59	勉强失调衰退
协调发展阶段	0.60～0.69	初级耦合协调
	0.70～0.79	中级耦合协调
	0.80～0.89	良好耦合协调
	0.90～1.00	优质耦合协调

6.障碍度诊断模型

为进一步识别评价指标对塔里木河流域各地州农业经济系统与水资源环境系统耦合协调度的影响程度,从而提出有针对性地发展农业经济和提升水资源环境的措施,利用障碍度诊断模型诊断和测算影响两系统耦合协调度的障碍因素及障碍度,某项指标的障碍度越小,表明耦合协调度受该项指标的阻碍作用越弱,反之亦然。具体计算过程参考相关文献(薛静静,2014),公式为:

$$N_j = W_j \times (1 - r_{ij}) / \sum_{j}^{n} W_j (1 - r_{ij})$$

式中,W_j 为指标权重,r_{ij} 为标准化后数值,N_j 为单项指标对两系统耦合协调度的障碍度。

4.5.2 指标体系构建及数据来源

根据研究区情况,本书在评价指标选取过程中对大量涉及水资源环境、农业经济系统评价指标的文献进行筛选(查建平,2021;张沛,2019;党锐,2021;田培 等,2022)再结合专家意见进行优化,最终保留 23 个指标,构成农业经济系统和水资源环境系统的综合评价指标体系,如表 4-19 所示。

农业经济系统主要突出农业综合发展水平,下设三个分类指标,分别从投入、产出及农业现代化三个维度进行综合水平评价。选取了农业生产基本投入指标、具有区域特征的作物亩产量和代表农业现代化程度的单位耕地面积机械动力等具有较强适用性的指标,以及节水灌溉率这一反映水资源利用程度对塔里木河流域农业经济影响的指标。

水资源综合水平评价主要从水资源状态、水资源管理、水资源环境三方面展开。水资源管理能够反映人类为生产、生活、生态治理等活动开展对水资源开发利用的程度。如万元

GDP 用水量、农业用水总量可以反映生产活动下水资源的开发利用情况,而为反映对水资源环境造成的影响则选用废水排放量、人工造林面积、生态用水比例三项指标。

表 4-19　农业经济系统与水资源环境系统指标体系构建

综合指标	项目指标	分类指标	因素指标	指标含义	单位	指标性质
农业经济和水资源综合水平	农业综合发展水平	投入	耕地面积(A1)	该年农作物播种面积	千公顷	+
			农业从业人数(A2)	该年农林牧渔业从业人数	人次	+
			农田实灌亩均用水量(A3)	农业用水量/耕地面积	立方米/公顷	−
			单位耕地面积化肥施用量(A4)	化肥施用量/耕地面积	吨/公顷	−
		产出	农民人均纯收入(A5)	农村家庭纯收入/家庭人口数	元/人	+
			亩均粮食产量(A6)	粮食总产量/粮食种植面积	公斤/公顷	+
			亩均棉花产量(A7)	棉花总产量/粮食种植面积	公斤/公顷	+
			亩均水果产量(A8)	水果总产量/粮食种植面积	公斤/公顷	+
			农业产值占比(A9)	第一产业产值/地区生产总值	%	+
		现代化	单位耕地面积机械动力(A10)	农业机械总动力/耕地面积	千瓦/公顷	+
			节水灌溉率(A11)	节水灌溉面积/总面积	%	+
			农村人均用电量(A12)	农村用电量/农村人口	千瓦时/人	+
	水资源综合水平	水资源状态	人均水资源占有量(B1)	水资源总量/人口数	立方米/人	+
			年降水量(B2)	地区每年降水总量	亿立方米	+
			产水系数(B3)	水资源总量/年降水总量		+
		水资源管理	产水模数(B4)	水资源总量/地区总面积	万立方米/平方千米	+
			万元 GDP 用水量(B5)	用水总量/地区生产总值	立方米/万元	−
			人均用水量(B6)	用水总量/人口数	立方米/人	−
			生活用水比例(B7)	生活用水/总用水	%	−
		水资源环境	农业用水总量(B8)	地区农业生产总耗水量	亿立方米	−
			生态用水比例(B9)	生态用水/总用水	%	+
			废水排放量(B10)	该年废水排放量	亿吨	−
			人工造林面积(B11)	该年新增造林面积	公顷	+

注:除数据 B2、B11 来源于新疆水资源公报外,其余数据均出自新疆统计年鉴计算得来。

4.5.3　结果

1.指标权重分析

塔里木河流域农业经济系统与水资源环境系统权重结果见图 4-2。根据结果显示农业经济系统中农民人均纯收入(A5)权重最高(0.205),其次是农业从业人数(A2)权重为 0.102,亩均水果产量(A8)和节水灌溉率(A11)权重均为 0.89。说明农业产出的主要指标权重对农业经济系统的影响较大,投入指标次之。水资源环境系统中生态用水比例(B9)权重最高(0.163),其次是人工造林面积(B11)的权重(0.142)和人均水资源占有量(B1)的权重 0.121。由此可见水资源状态和水资源环境是影响塔里木河流域水系的主要原因。

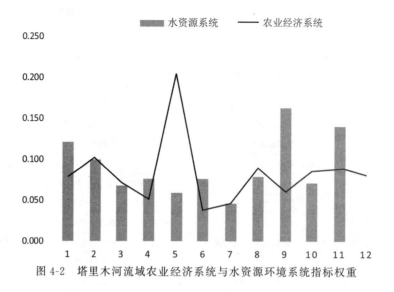

图 4-2 塔里木河流域农业经济系统与水资源环境系统指标权重

2.农业经济和水资源环境系统综合发展水平

根据表 4-19 的分类标准,塔里木河流域农业经济系统与水资源环境系统的综合发展水平见表 4-20。

表 4-20 塔里木河流域农业经济系统与水资源环境系统综合发展水平

年份	农业经济系统	综合发展水平	水资源环境系统	综合发展水平
2004	0.223	差	0.527	良好
2005	0.252	一般	0.647	良好
2006	0.280	一般	0.671	良好
2007	0.310	一般	0.497	一般
2008	0.306	一般	0.547	良好
2009	0.390	一般	0.506	良好
2010	0.385	一般	0.582	良好
2011	0.430	一般	0.487	一般
2012	0.487	一般	0.416	一般
2013	0.502	良好	0.391	一般
2014	0.568	良好	0.283	一般
2015	0.624	良好	0.451	一般
2016	0.675	良好	0.432	一般
2017	0.711	良好	0.580	良好
2018	0.635	良好	0.551	良好
2019	0.581	良好	0.469	一般
2020	0.778	优秀	0.523	良好
均值	0.478	一般	0.504	良好

由表 4-20 可以看出，塔里木河流域农业经济系统综合发展水平一般，但水资源环境系统发展水平良好。表明塔里木河流域的水资源状态与管理水平表现突出，水环境整体较好，使得塔里木河流域水资源环境系统呈现水平较高状态。农业经济系统的发展在 2017 年以前是逐步上升的状态，于 2017 年达到 0.711，2018—2020 年出现小幅波动，2020 年发展水平达到优秀。水资源环境系统于 2011 年开始下降，2014 年后缓慢上升，总体在一般与良好的状态反复波动。两系统综合发展水平呈现此消彼长态势，但水资源环境系统水平稍好。

结合塔里木河流域各地州 2004 至 2020 年农业经济综合发展水平情况（见附录 5），2010—2016 年间，各地州农业经济发展情况均由一般转变为良好，水资源环境系统发展水平却在逐年下降，说明塔里木河流域农业经济系统的发展一定程度上对于水资源造成了压力。据统计资料显示，塔里木河流域的农业种植面积由 1 970.11 千 hm² 上升至 2 815.05 千 hm²，节水灌溉率由 76.29% 下降至 35.10%。迅速扩张的耕地以及大量的用水压力对塔里木河流域的水资源造成了极大的影响，人均水资源拥有量由 5 430 m³/人降至 4 502 m³/人。虽其农业经济在逐步发展，但除水果的亩均产量变化达 34% 外，粮食、棉花的亩均产量变化幅度均不超过 5%。

2004 年各地州的农业经济发展较为缓慢，只停留在差与一般的等级阶段。而到 2020 年有明显提升，除喀什地区与克州外的地州都上升为优秀阶段，足以证明农业经济发展迅速。根据数据统计，喀什地区耕地面积为各地最高，占整个流域的 50%，因此该地区的用水效率呈现规模递减，即加大投入产出减少现象，克州农业发展较为缓慢则是由于该地农业投入较少。

2004 年和 2020 年塔里木河流域水资源环境系统发展水平见表 4-21。

表 4-21　2004 年和 2020 年水资源系统综合发展指数

年份	1	2	3	4	5
2004	0.485	0.470	0.362	0.404	0.495
2020	0.383	0.491	0.534	0.518	0.437

注：表中 1 表示巴音郭楞蒙古自治州；2 表示阿克苏地区；3 表示克孜勒苏柯尔克孜自治州；4 表示喀什地区；5 表示和田地区，下同。

从 2004 年开始各地州水资源环境综合发展水平就处于一般阶段，中间年份的波动也均在此范围内，说明水资源环境的变化幅度不大，并未上升或下降一个等级，塔里木河流域管理局应加强对水资源的管理。

3.农业经济-水资源环境系统耦合协调度与时空演变特征

为进一步分析塔里木河流域农业经济系统与水资源环境系统耦合协调度的时空序列变化情况，使用 ArcGIS10.8 对塔里木河流域 2004—2020 年两系统的变化进行处理。

塔里木河流域农业经济系统与水资源环境系统在时间序列上呈上升趋势，整体由勉强失调衰退升至中级耦合协调。空间差异性在 2010 年前呈现西南部＞东部＞西北部。2004 年与 2005 年喀什地区与和田地区为初级耦合协调，其余三地州均处于勉强失调衰退状态，至 2009 年除克州外的四地州相继上升为初级耦合协调。2010—2019 年呈中部＞东部＞西部变化。2010 年阿克苏地区成为唯一升至中级耦合协调阶段的地区，而在整个流域农业经济系统与水资源环境的协调度都在上升时,2012 年阿克苏地区又降为勉强失调衰退阶段。2013—2016 年阿克苏地区与和田地区农业经济系统与水资源环境系统耦合协调度呈现状态最好,但克州两系统协调度仍较差。2018 年五地州两系统协调发展水平呈现较为清晰的等级划分,由西至东呈递进状态。

至 2020 年整个流域农业经济系统与水资源环境系统均达到中级耦合协调阶段,也是 2004—2020 年中五地州两系统协调发展最佳时间。若将塔里木河流域看作一个整体,那么将塔里木河流域农业经济系统与水资源环境系统整合得到图 4-3。

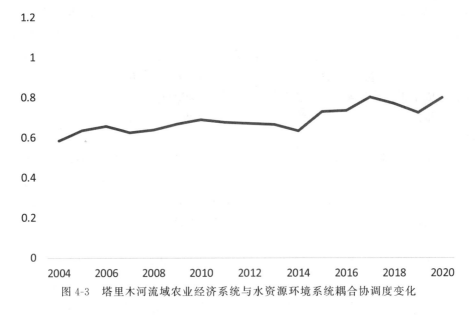

图 4-3　塔里木河流域农业经济系统与水资源环境系统耦合协调度变化

由图 4-3 可以看出,塔里木河流域两系统处于初级耦合协调与中级耦合协调之间波动,2017 年达到过良好耦合协调阶段。表明农业经济发展与水资源环境两系统发展协调较好,但还有提升的空间。

4.农业经济-水资源环境系统耦合协调度影响因素分析

根据障碍度诊断模型分别计算塔里木河流域各地州 2004—2020 年两系统耦合协调度的障碍度,根据指标显著影响的障碍度($N_j \geqslant 6\%$)及出现频次选出前四位显著障碍度因素(见表 4-22)。除和田地区的第一障碍因素为农民人均纯收入(A5)外各地州的第一障碍因素均为生态用水比例(B9),第二、三、四障碍因素中出现频次依次是农村人均用电量(A12)5 次,农民人均纯收入(A5)4 次,人工造林面积(B11)2 次,亩均水果产量(A8)、年降水量(B2)、废水排放量(B10)和生态用水比例(B9)各 1 次。由此可见,影响塔里木河流域农业经济系统与水资源环境系统耦合协调度的障碍因素为生态用水比例、农民人均纯收入、农村人均用电量及人工造林面积。因此塔里木河流域应加强对水资源的分配管理,严格执行最严格用水制度,做到以水定产,提高水资源环境质量。此外需要对农业结构做出调整,提升农民人均纯收入,缩小塔里木河流域各地州之间的农业经济发展差距,做到共同富裕。

表 4-22　塔里木河流域各地州主要障碍因素及障碍度

单位:%

	第一障碍因素	障碍度	第二障碍因素	障碍度	第三障碍因素	障碍度	第四障碍因素	障碍度
1	B9	14.29	A5	10.16	B10	9.98	A12	9.41
2	B9	14.06	A5	9.18	B11	7.46	B2	6.54
3	B9	27.07	A12	10.23	A5	12.92	A12	10.23
4	B9	13.95	A12	10.67	B11	8.29	A5	8.26
5	A5	11.79	B9	10.78	A12	8.56	A8	8.38

以塔里木河流域为例构建的评价指标体系及评价方法可综合考虑两系统的复杂性和协调性,可以合理评价农业经济和水资源环境系统的耦合协调关系。

塔里木河流域农业经济系统综合发展水平一般,但水资源环境系统发展水平良好。表明塔里木河流域的水资源状态与管理水平表现突出,水环境整体较好,使得塔里木河流域水资源环境系统呈现水平较高状态。塔里木河流域两系统的综合发展水平与各地州分布类似,巴州农业经济年均综合发展指数处于领先位置,克州与和田农业经济综合发展水平都处于稳定状态,各地州水资源环境综合发展稳定在 0.3 至 0.6 之间持续波动,且基本方向一致。

4.6　塔里木河流域农业用水与水资源利用的偏差分析——以种植业为例

4.6.1　模型构建

普通农作物灌溉方式大多是地面灌溉,要经过水库调节、渠道输水到最终田间灌溉,在此期间蒸发渗漏损失很大,实际农作物能够利用的不到三分之一。而由于新疆地区干旱少雨,大多农业采用滴灌方式。有研究表明,遵循因地制宜原则,通过作物布局调整,可使农田平均整体用水缩减 $0.15 \sim 0.26$ kg/m³,增产 15% 至 36%。当然,此项研究存在地域偏差以及环境等各方面因素,但也证明改变种植结构确实会对水资源节约起到一定作用。以现有文献为参考,构建塔里木河流域通过改变地区内的农作物种植结构达到水资源高效节约的模型。

4.6.2　理论框架

用水资源结构偏差来测算研究区内水资源高效利用潜力,此项数据还能表明水资源配置的大概方向,对于调整农业种植结构具有重要作用。依据世界银行第 4 期国家农业政策分析与决策支持的技术合作贷款项目——中国农业用水资源子系统运算模型:

$$R_j = Y_j / \sum Y_j - W_j / \sum W_j$$

式中,R_j表示j地区的水资源配置结构偏差;Y_j表示j地区的农业产出;W_j表示j地区的农业用水量。

若将塔里木河流域水资源与各农业作物用上述表达式表示,则需引入农产品虚拟水含量指标(见附录4),得

$$R_b = Y_b / \sum Y - W_b / \sum W$$

式中,R_b表示塔里木河流域某个作物品种每年的水资源配置结构偏差;Y_b表示塔里木河流域某个作物品种某年的农业产出;Y表示该年内整个塔里木河流域全部农作物产出;W_b表示塔里木河流域某个作物品种某年的农业虚拟用水量;W表示该年内整个塔里木河流域农业用水量。

表4-23以整个流域为视角,测算出塔里木河流域粮食类、棉花与油料的水资源结构偏差呈现负数,且逐年水资源利用效率变差;其他作物则在一定范围内小幅波动,整体稳定。

表4-23 塔里木河流域作物水资源结构偏差

	粮食	薯类	棉花	油料	甜菜	蔬菜	水果	苜蓿
2010	−0.686 0	0.007 8	−0.077 5	−0.001 1	0.037 5	0.146 4	0.189 4	0.021 6
2011	−0.724 0	0.011 3	−0.099 7	−0.001 3	0.033 5	0.138 1	0.187 9	0.018 7
2012	−0.620 8	0.016 7	−0.081 4	−0.000 7	0.052 1	0.100 1	0.223 0	0.029 0
2013	−0.652 5	0.008 3	−0.083 2	−0.000 8	0.041 0	0.141 6	0.199 5	0.026 1
2014	−0.679 1	0.009 3	−0.148 5	−0.000 8	0.038 8	0.170 1	0.087 4	0.025 4
2015	−0.846 9	0.005 2	−0.155 8	−0.001 7	0.038 4	0.120 4	0.166 8	0.015 6
2016	−0.890 3	0.006 1	−0.148 8	−0.002 3	0.050 7	0.110 1	0.150 2	0.022 4
2017	−0.874 1	0.004 6	−0.185 0	−0.002 3	0.042 3	0.099 1	0.183 2	0.016 0
2018	−0.677 2	0.000 5	−0.170 3	−0.002 0	0.037 9	0.126 7	0.185 8	0.018 1
2019	−0.617 5	0.000 7	−0.153 0	−0.001 4	0.050 7	0.144 5	0.164 3	0.013 4
2020	−0.724 7	0.000 7	−0.172 9	−0.001 5	0.043 2	0.089 0	0.245 2	0.014 0

4.6.3 塔里木河流域改进的作物水资源结构偏差

如将上述结果进一步解释,则可以对水资源结构偏差模型赋予新的意义,则

$$R_{xy} = Y_{xy} / \sum Y_{xy} - W_{xy} / \sum W_{xy}$$

式中,R_{xy}表示每个年度x地区的水资源配置结构偏差;Y_{xy}表示每个年度x地区第y个农产品的农业产出;W_{xy}表示每个年度x地区第y个农产品农业虚拟用水量。此表达式蕴含的意义为:每个作物在相同时点下对于整个塔里木河流域的作物是否存在用水挤占,以此来调整农作物种植结构的增减情况。

分别测算五地州数据,如表4-24为巴州地区作物之间水资源结构偏差,其余不再详细列出。对比分析得出:作物水资源效率较好的为阿克苏地区与克州,而巴州、喀什和田地区

作物水资源利用效率较差。五地州农作物水资源利用结构偏差均为正的作物有薯类、甜菜、蔬菜、水果和苜蓿，其中水果的水资源利用效率最好；粮食类、棉花和油料的水资源偏差系数多数为负，其中粮食作物水资源利用效率最差。据走访调查得知，粮食类作物多数采用大水漫灌方式进行灌溉；棉花虽基本普及田间滴灌，但由于面积过大，其总耗水量依旧居高不下。

表 4-24　巴州地区作物之间水资源结构偏差

	粮食	薯类	棉花	油料	甜菜	蔬菜	水果	苜蓿
2010	−0.409 1	0.000 2	−0.210 7	−0.003 7	0.095 7	0.048 7	0.110 0	0.000 4
2011	−0.399 9	0.000 0	−0.267 8	−0.003 0	0.096 1	0.012 9	0.056 5	0.000 2
2012	−0.267 1	0.001 4	−0.164 1	−0.001 2	0.176 8	0.229 4	0.021 4	0.002 2
2013	−0.346 4	0.001 3	−0.191 7	−0.001 4	0.118 2	0.161 4	0.103 5	0.002 4
2014	−0.419 5	0.000 8	−0.247 6	−0.001 8	0.095 2	0.130 6	0.060 9	0.002 5
2015	−0.662 2	0.000 1	−0.245 2	−0.003 1	0.099 9	0.025 5	0.086 0	0.001 4
2016	−0.546 3	−0.000 2	−0.256 5	−0.005 7	0.151 2	−0.013 2	0.086 8	0.001 0
2017	−0.569 7	−0.001 2	−0.361 6	−0.003 6	0.123 0	−0.099 0	0.093 8	−0.000 5
2018	−0.462 0	0.000 0	−0.301 1	−0.002 9	0.113 8	−0.008 6	0.111 5	0.001 2
2019	−0.342 2	0.000 2	−0.246 0	−0.002 4	0.153 8	0.067 6	0.102 4	0.002 6
2020	−0.418 2	0.000 0	−0.286 2	−0.001 2	0.116 8	−0.021 8	0.120 3	0.001 2

4.7　本章小结

（1）研究发现塔里木河流域整体技术效率有较大提升空间。规模收益虽处于递增状态，但受塔里木河流域有限水资源影响，应基本保持现有规模不变，改善农业灌溉的输水、节水技术来提升综合收益。

（2）塔里木河流域农业用水效率虽逐年提升，但存在较为严重的空间差异，尤其克州与和田地区，前者规模效率较低，代表克州加大农业投入能使规模效益递增；后者技术效率偏低，代表和田地区应加大对农业节水技术的研发，通过改进灌溉设备方式提升该地农业用水效率。

（3）阿克苏地区与克州水资源消耗增量低于农业经济增长速度，但总体向好，而巴州、喀什、和田地区水资源消耗量增加远远超过经济增长速度，还有巨大的水资源需求，表明水资源耗用量大且低效。综合来说，五个地区的农业用水消耗量所带来的农业增加值仍不乐观，对于区域国民生产总值的贡献远不及工业，要想实现农业用水与经济增长双向发展，还需要继续探索提高水资源利用效率的方法，以实现农业快速发展。

（4）2004—2020 年塔里木河流域农业经济系统综合发展水平整体处于平稳上升趋势，而水资源环境系统综合发展水平呈波动下降状态，主要体现在生态用水比例、造林面积方面的建设不足使得水资源环境的综合发展水平偏低。两系统在初级耦合协调与中级耦合协调之间波动,说明农业经济发展与水资源环境两系统发展协调较好但还有提升的空间。各地州两系统耦合存在空间差异性:由"西南部＞东部＞西北部"向"中部＞东部＞西部"变化。影响塔里木河流域两系统耦合协调度的障碍因素主要为生态用水比例、农民人均纯收入、农村人均用电量及人工造林面积,各地区第一障碍度因素相差不大。

(5)在不改变耕地面积的情况下,通过农作物种植结构调整能够很好地达到节水目的。在现有基础上保留粮食作物面积,适当调减棉花、油料作物,调增水果、蔬菜种植面积能够极大提升塔里木河流域农业用水效率。

水资源利用效率的脱钩系数分析综合说明塔里木河流域水资源利用状况,再进一步延伸至农业用水与经济增长之间的关系,以水资源地区结构偏差与水资源作物结构偏差作阐明。总体来说,南疆五地州的水资源耗用量大且低效,对于区域国民生产总值的贡献远不及工业。因此,若将水资源进行"农转非"转移,是具有一定理论与现实意义的,以此也能作为塔里木河流域实施水资源生态补偿的依据。

第5章　农业用水的生态效应分析：环境友好和生态保育的视角

　　农业三型发展另两个重要要求是"环境友好"和"生态保育"。其中环境友好是农业发展的内在属性。其根本要求在于加快农业环境突出问题治理,尤其是面源污染问题。必须立足各地资源禀赋和环境容量,调整优化农业结构和区域布局。生态保育是农业发展的根本要求。其根本要求在于保障农业的生态功能,使农田生态系统更加稳定,森林、草原、湿地等生态功能不断增强,生物多样性得到有效保护。

　　塔里木河流域是国家重点的生态功能区,同时也是国家优质棉花产业带。流域的发展必须要与水资源承载能力相适应。水资源开发要以保护生态环境为前提,必须对各类开发活动进行严格管制,尽可能减少对自然生态系统的干扰,不得损害生态系统的稳定和完整性。在保证农业发展的同时,减少对生态环境的损害,必须要求农业发展向资源节约和环境友好转型。发展不影响生态系统功能的适宜产业、特色产业和服务业,形成环境友好型的产业结构对于流域发展至关重要。

　　长期以来塔里木河流域粗放式、不顾资源环境承载能力的肆意开发,导致水资源短缺,部分地区森林破坏,湿地萎缩,河湖干涸,水土流失,沙漠化、石漠化和草原退化。自塔里木河流域综合治理实施以来,中央政府陆续投入了107亿元对整个流域的水、土和生态环境问题进行了大力治理,遏制了生态环境继续恶化的趋势,资源环境破坏的速度有所减缓。当前塔里木河流域农业用水突出的生态环境问题体现在两个方面:一是部分地区地下水严重超采,河流生态得不到有效保护,而是土地大面积拓耕,严重超过水资源承载力,侵占水面、湿地、林地、草地,自然生态系统严重受损,生物多样性受到严重威胁。塔里木河流域当地水资源形成的供水消耗量均已经超过了其水资源可利用量,导致对生态环境用水的挤占,长期过度开发利用水资源已造成这些地区形成较大的累计生态亏缺。根据全国水资源综合规划(2010—2030)数据显示,塔里木河流域对水资源的消耗量相当于其水资源可利用量的120%以上,克孜河、玉龙喀什河已列入国家《重点流域水污染防治规划》重点治理的水源地目录。

　　发展环境友好和生态保育型农业,塔里木河流域必须合理调配水资源,统筹调配流域和区域水资源,综合平衡各地区、各行业的水资源需求以及生态环境保护的要求。根据水资源和水环境承载能力,强化用水需求和用水过程管理,实现水资源的有序开发、有限开发、有偿开发和高效可持续利用。对由于水资源过度开发造成的生态脆弱地区,要通过水资源合理调配逐步退还挤占的生态用水,使这些地区的生态系统功能逐步得到恢复。在逐步改善和恢复河湖生态环境与地下水系统的同时,控制高耗水产业,制止盲目开荒,增强可持续发展能力。

　　基于"三型"农业发展的水资源生态补偿研究必须测算当前农业用水的生态环境的外部

性,这是考量补偿标准的重要依据。鉴于此,本章的核心议题是:当前农业开发(主要是拓耕)是如何影响改变水环境和水生态,从而对流域生态环境形成负外部性的? 基于水资源承载力的视角,这种负外部的大小如何? 如何测量?

5.1 农业生产对水环境的负外部性

污染源排放分为:点源、面源与内源,其中面源污染多为溶解性物质或固体通过将河流水冲刷汇入流域造成的水体污染。其主要来源为:农村生活污水、畜禽养殖废弃物排放、农田化肥过量使用,通过灌溉流入水体以及城市径流与水土流失等。根据全国水资源综合规划的最新成果,非点源污染源成为我国水体的主要污染源,已成为我国河湖水环境恶化的主要原因之一。

20 世纪 70 年代至今,我国已有很多学者对非点源污染的估算进行了研究,对大尺度区域的非点源污染负荷估算方法已取得了一些研究成果,但非点源污染的调查评价难度较大,且缺乏充分的基础资料。

5.1.1 计算方法

下面根据《全国水资源综合规划技术细则》,对塔里木河流域水污染源进行分类:①点源:城镇生活污染、工业污染物排放。②面源:溶解态,农村生活污水和废弃物、分散式畜禽养殖、农药化肥、城镇地表径流;吸附态:水土流失。③河道内源:渔业。

根据研究区实际与数据获得可行性,对农村生活污水和废弃物、分散式畜禽养殖、农药化肥、城镇地表径流与渔业等 5 类非点源污染的排放量进行估算。

参考有关研究成果(刘俊威 等,2012),将各类污染源进行了归纳,以年为时间尺度,建立流域尺度的污染物排放量估算模型。根据《巴音郭楞统计年鉴》《阿克苏统计年鉴》《和田统计年鉴》统计数据显示,点源污染物的排放如城镇生活污染、工业污染物排放等可直接得到数据,缺失数据将进行以下计算得出。

1.农村生活污水和废弃物

农村生活排污量包含生活污水及固体废物,可根据农村人口数乘人均生活排污当量系数,其中人均生活排污当量系数包含生活污水排污当量系数及固废排污当量系数。根据丁训静(2003)针对太湖流域进行人粪尿和生活污水取样监测分析,得农村人均生活排污当量系数 CODcr、NH₃-H 和 TP 分别为 18.3 kg/(人·a)、1.2 kg/(人·a)和 0.5 kg/(人·a)。见公式:

$$P_1 = 10 P_r K_r = 10 P_r (K_s + K_g)$$

式中,P_1 为某种农村生活污染物排放量,t/a;P_r 为农村人口数量,万人;K_r 为农村人均生活排污当量系数,kg/(人·a);K_s 为农村人均生活污水排污当量系数,kg/(人·a);K_g 为农村人均生活固废排污当量系数,kg/(人·a)。

2.畜禽养殖

根据农村饲养的牛、猪、羊和家禽的数量及其排污当量系数,可以对畜禽养殖的污染物

产生量进行估算,见公式:

$$P_2 = 0.001 \sum_{i=1}^{m} (X_i K_{xi}) \times r_1$$

式中,P_2 为畜禽养殖的某种污染物的排放量,t/a;m 为畜禽养殖种类数(牛、猪、羊和家禽等);X_i 为第 i 种畜禽的数量,头(只);K_{xi} 为第 i 种畜禽的排污当量系数,kg/(头·a);r_1 为畜禽污染物流失率,%。

依据表 5-1 所示的畜禽粪便排放系数和粪便中污染物含量(张绪美,2007;中华人民共和国生态环境部,2021),计算各类畜禽的粪便排放量和污染物排放量,得到畜禽污染物排放的当量系数,进而计算污染物流失量。根据相关学者对畜禽污染物流失率的研究得出流失率约为 5.06%～19.44% 之间,根据研究需要,本章取流失率为 10%。

表 5-1　畜禽粪便排放系数和粪便中污染物含量

项目		畜禽粪便排放系数/[kg/(头·d)]	畜禽粪便污染物含量/(kg·t⁻¹)			
			COD	NH₃-H	TN	TP
牛	粪	20	31	1.71	4.37	1.18
	尿	10	6	3.47	8	0.4
猪	粪	2	52	3.08	5.88	3.41
	尿	3.3	9	5	3.3	0.52
羊	粪便	2.6	4.63	0.8	7.5	2.6

3.农田化肥

农田施肥过程中,作物会吸收一部分肥料,如若化肥施用过量,会破坏农田地养分平衡,多余部分会有一部分留存在土壤中,一部分被灌溉水带入农田径流中,造成水体污染。农田化肥污染物的排放可根据作物耕种面积、化肥施用量、化肥中养分含量、作物利用化肥养分系数及土壤流失率测算。见公式:

$$P_3 = 0.001 \sum_{i=1}^{2} [G_i F_i C_i (1-Z_i) S_i]$$

式中,P_3 为农药化肥中某种污染物的排放量,t/a;i 为耕地类型,1 代表旱地,2 代表水田;G_i 为第 i 种类型的耕地面积,km²;F_i 为单位面积的化肥施用量,kg/(km²·a);C_i 为化肥中的养分含量,%;Z_i 为化肥中养分的作物利用系数,%;S_i 为土壤养分流失率,%。

根据张大弟(1997)在上海市郊区的调查观测,得出水田径流的 TP 排污系数在 1.65～2.37 kg/hm² 之间,旱田径流的 TP 排污系数在 1.54～2.21 kg/hm² 之间。本研究取水田的 TP 排污系数为 2.01 kg/hm²;旱田的 TP 排污系数为 1.875 kg/hm²。

4.城镇地表径流

城镇地表径流污染物的排放量采用常量浓度法计算,即通过降水量和径流系数得到城镇地表径流量,假设所有城镇径流中某一污染物具有相同的常量浓度,将产生的城镇地表径流量与常量浓度相乘得到污染物的排放量估算值,见公式:

$$P_4 = 0.001 A_c P_c I_c C_c$$

式中,P_4 为城镇地表径流中某种污染物的排放量,t/a;A_c 为城镇面积,km^2;P_c 为城镇年降水量,mm;I_c 为城镇地表径流系数;C_c 为城镇地表径流中某种污染物的常量浓度,mg/L。

根据新疆维吾尔自治区地质矿产勘查开发局第八地质大队检测数据,城镇径流中主要污染物为硫酸盐和氯化物,本研究取浓度为 157 mg/L、74 mg/L。并参考吕俊(2007)在杭州市所属各市县的城区进行的调查统计结果,采用城镇径流系数为 0.72。

河道内源污染源理论上包括网箱养鱼、船舶污染和底泥释放污染。由于塔里木河流域并未有船舶业的发展,因此不予考虑。底泥污染源为污染物在河道中的沉降累积而成,且其污染释放机理复杂,需要大量的调查与实测资料作为研究基础。对于污染负荷相对稳定的河流,底泥污染在年尺度上的变化处于相对稳定状态,因而在以年为尺度进行的污染负荷估算中对底泥污染未予考虑。

5.渔业

渔业的污染物排放主要来自饲料、肥料、药剂的投放以及鱼类的排泄物。饲料、肥料、药剂的投放过程可能因投放过量、饵料过小、投放的方法不当等造成污染,其中部分饵料会溶于水中,有些则会沉入水底。

渔业污染物排放量可以根据养殖面积和排污系数进行估算,见公式:

$$P_5 = A_y K_y$$

式中,P_5 为渔业养鱼的某种污染物排放量,t/a;A_y 为渔业养殖面积,km^2;K_y 为渔业养殖排污当量系数,$t/(km^2 \cdot a)$。

据有关研究报道(焦隽,2007),在正常的投入管理水平下,每年 TP 污染物的排污系数为 11 kg/hm^2,由此估算渔业 TP 排放量。

5.1.2 结果

根据上述公式,可以得出塔里木河流域农业生产活动中造成的污染物排放量,其对塔里木河流域的水资源环境造成负环境外部性见表 5-2。

表 5-2 农业生产污染物排放

单位:万 t

	阿克苏河	叶尔羌河	和田河	开都-孔雀河	干流
2010	2.36	5.63	2.02	0.96	1.87
2011	2.39	5.73	2.08	0.98	1.90
2012	2.41	5.77	2.06	0.97	1.91
2013	2.53	5.69	1.98	1.06	2.06
2014	2.62	5.76	2.01	1.16	2.22
2015	2.72	5.93	2.05	1.20	2.30
2016	2.77	6.02	2.10	1.26	2.37

	阿克苏河	叶尔羌河	和田河	开都-孔雀河	干流
2017	2.60	4.48	1.47	1.06	2.10
2018	2.80	4.72	1.65	1.11	2.20
2019	2.92	4.79	1.68	1.13	2.26
2020	3.72	5.15	1.59	1.25	2.78
均值	2.7	5.4	1.9	1.1	2.2

注:数据来源于《新疆统计年鉴》《新疆生产建设兵团统计年鉴》计算整理。

　　由表 5-2 数据,喀什地区农业排污量最大,平均每年向叶尔羌河排放 5.4 万 t 农业生产废水,其次为阿克苏地区及巴州地区向阿克苏河及塔里木河干流排污,排污量分别为 2.7 万 t、2.2 万 t。其农业生产造成的负外部性可折算成相应的污染物治理成本。其中污染物治理成本依据中华人民共和国国家发展和改革委员会《我国污水处理行业成本分析及对策建议》得西北地区污水处理服务费为 0.89 元/t 计算。具体数据见表 5-3。

表 5-3　农业污染治理成本

单位:万元

	阿克苏河	叶尔羌河	和田河	开都-孔雀河	塔里木河干流
2010	2.10	5.01	1.80	0.85	1.66
2011	2.12	5.10	1.85	0.87	1.69
2012	2.14	5.14	1.83	0.87	1.70
2013	2.25	5.07	1.76	0.94	1.84
2014	2.33	5.13	1.79	1.03	1.97
2015	2.42	5.28	1.83	1.07	2.05
2016	2.47	5.36	1.87	1.12	2.11
2017	2.32	3.99	1.31	0.95	1.87
2018	2.49	4.20	1.47	0.99	1.96
2019	2.60	4.27	1.49	1.01	2.01
2020	3.31	4.58	1.41	1.11	2.47

5.2　农业生产对水生态的负外部性

　　农业生产几乎用尽塔里木河流域总水量,因此,农业生产活动对于塔里木河流域本身就很脆弱的生态环境造成了极大影响。2022 年 2 月 21 日,国家林业和草原局发布《三年拯救行动 新疆塔里木河流域胡杨林重现生机》,其中提到 20 世纪 50 年代以来,由于水资源无序开发和低效利用,塔里木河流域生态恶化,大片胡杨林消亡。多年来,国家和新疆维吾尔自治区投入近百亿元治理塔里木河下游地区的生态环境。2019 年,新疆启动塔里木河流域胡杨林拯救行动,经过 3 年努力,新疆塔里木河流域 682.18 万亩胡杨林得到有效恢复,再现勃勃生机。

因此,水对于塔里木河流域的生态环境起着决定性作用。本节将参照岳晨(2021)、焦士兴(2020)、黄林楠(2008)、范晓秋(2005)等学者的研究方法,计算塔里木河流域使用状况和承载力的衡量指标:水资源生态足迹、水资源生态承载力,通过以上两者差值,来分析当地水量使用开发情况,推算农业用地是否仍有开发潜力或存在过度开采,程度多少。

5.2.1 水资源生态足迹

水资源生态足迹是建立在生态足迹模型基础之上的,用于描述水资源生态环境和社会经济功能。水资源生态足迹计算公式为:

$$EF_w = N \times ef_w = N \times \gamma_w \times \left(\frac{W}{p_w} \right)$$

式中,EF_w 为水资源生态足迹(hm^2);N 为人口数;ef_w 为人均水资源生态足迹(hm^2/人);γ_w 为全球水资源均衡因子,取值 5.19;W 为水资源消耗量(m^3);p_w 为全球水资源平均生产能力,取值 3 140 m^3/hm^2。

2004—2020 年的水资源生态足迹(表 5-4)总体呈现上升后下降的变动趋势。在 2012 年达到最高后开始缓慢下降。这主要是由于水资源无序开发和低效利用,塔里木河流域生态持续恶化,在此背景下于 2014 年正式实施最严格的水资源管理制度,对塔里木河流域水资源进行统一管理调配。自此,有效遏制了水资源生态足迹的增长,且实现了水资源生态足迹的下降。从统计年鉴数据和政府公报数据可以看出,生产、生活、生态用水这三个水资源账户在生态足迹中比例达 95% 左右,远远超出其他两部分。用于生态环境方面的水资源最少,塔里木河管理局虽然划定分配水量,优先保障生活所需用水后,向下游输送生态用水。但投入生产的水资源比重几乎占据了所有水资源,其中,超过九成用水量用于农业使用(于本章第四节着重展开阐述)。说明大部分的水资源都用于农业生产,对于环境改善和保护的水资源投入量严重不足。此外,虽然水资源优先保障生活使用,但生活用水的生态足迹所占比重很小,随着人口增长、居住和生活水平提高也有逐渐增加的趋势。在空间分布上,五地州之间的水资源生态足迹差异较大,2020 年喀什、阿克苏两地州水资源生态足迹达到了整个流域水资源生态足迹的 68.35%,是其他三地州总和的两倍多。而南北疆万元 GDP 水资源生态足迹均小于东疆。

表 5-4　水资源生态足迹

单位:×10⁶hm²

指标	巴州	阿克苏	克州	喀什	和田	全流域
2004	6.72	16.54	1.27	16.79	6.67	47.99
2005	8.04	16.82	1.35	17.12	6.61	49.94
2006	7.02	16.40	1.27	17.67	6.69	49.05

指标	巴州	阿克苏	克州	喀什	和田	全流域
2007	6.72	16.74	1.34	18.34	6.69	49.84
2008	6.74	17.39	1.40	19.33	7.25	52.11
2009	6.92	17.10	1.38	17.88	7.57	50.90
2010	7.29	16.57	1.46	19.31	7.67	52.29
2011	6.84	16.82	1.39	18.19	7.16	50.39
2012	9.55	19.63	1.87	21.33	7.86	60.24
2013	9.54	19.60	1.81	20.63	7.72	59.30
2014	9.30	18.46	2.12	19.30	7.54	56.71
2015	9.13	17.79	2.02	19.66	7.65	56.26
2016	8.95	17.93	1.87	19.56	7.69	55.95
2017	8.16	17.80	1.86	19.01	7.38	54.21
2018	8.82	17.32	1.82	17.66	7.17	52.78
2019	9.00	19.52	1.78	18.76	6.96	56.02
2020	8.17	17.89	1.94	18.99	6.96	53.96

注:数据来源于统计年鉴计算与整理。

5.2.2　水资源生态承载力

水资源生态承载力指水资源对经济系统及生态系统良性发展的支持能力,需综合考虑生态环境及社会生产所需要的水资源,计算公式如下:

$$EC_w = N \times ec_w = 0.4 \times \varphi \times \gamma_w \times \frac{Q}{p_w}$$

式中,C_w 为生态承载力(hm²);c_w 为人均生态承载力(hm²/人);γ_w 为水资源产量因子;Q 为水资源总量(m³);通常一个国家和地区的水资源承载力中 60% 用于维持生态环境,因此,计算中乘系数 0.4。

区域水资源产量因子:区域水资源产量因子为该区域水资源量平均生产能力与世界水资源生产能力的比值。水资源产量因子计算公式为:

$$\varphi = \frac{P}{p_w}$$

式中,P 为区域单位面积产水量。根据塔里木河流域水资源相关数据,计算得出塔里木河流域 2004—2020 年各地州的平均水资源产量因子,结果详见表 5-5。

表 5-5　塔里木河流域各地州水资源产量因子

地区	巴州	阿克苏	克州	喀什	和田	全流域
水资源产量因子	0.11	0.16	0.31	0.24	0.17	0.16

通过测算发现,区域单位面积产水量 P 与国际单位面积产水量 p_w 的比值可以看出,全流域水资源产量因子仅占世界平均水平的 16%,表明塔里木河流域水资源严重短缺。五地州水资源供给水平存在较大差异,克州的水资源供给能力在五地州中较强,但也仅占世界水平的 31%,是最低的巴州的近三倍。

塔里木河流域水资源承载力年际差异较大(见表5-6),整体上呈现先上升后下降的变动趋势,其间存在较大的变化波动。整体维持在 $5.40 \times 10^6 \sim 1.9 \times 10^7 \ hm^2$ 之间,水资源承载力最高值出现在2012年,最低值出现在2009年。水资源承载力的变化主要与研究区水资源总量密切相关,因此可以看出,其受气候变化影响较为明显,丰水年和枯水年导致水资源承载力波动较大。塔里木河流域水资源承载力空间区域上差异也较大,在以上五地州中,巴州、阿克苏、克州、喀什、和田的水资源承载力的范围在 $1.01 \times 10^5 \sim 2.32 \times 10^6 \ hm^2$,相差23倍。其中,最小值出现在阿克苏地区,最高值出现在和田地区。克州的水资源承载力的范围在 $9.50 \times 10^5 \sim 2.16 \times 10^6 \ hm^2$,其水资源承载力的水平较高,且波动幅度较小。而阿克苏地区仅维持在 $1.04 \times 10^5 \sim 9.54 \times 10^5 \ hm^2$ 之间,是五地州中水资源生态承载力水平最低的。

表5-6　水资源生态承载力

单位:$\times 10^5 \ hm^2$

指标	巴州	阿克苏	克州	喀什	和田	全流域
2004	7.87	9.54	13.49	8.13	7.76	69.7
2005	9.59	1.04	20.66	16.23	15.02	112.2
2006	1.10	8.35	15.92	16.65	17.07	109.95
2007	7.77	1.01	10.27	11.47	8.62	72.62
2008	7.62	7.36	12.12	14.47	9.59	79.78
2009	6.12	5.27	10.62	6.698	6.38	53.96
2010	8.91	1.11	20.38	16.26	23.19	126.69
2011	8.76	8.54	17.28	10.05	11.65	87.02
2012	1.06	5.51	21.59	21.95	20.17	129.12
2013	8.86	5.99	14.39	21.83	18.37	112.43
2014	6.36	4.63	9.50	11.59	9.60	66.52
2015	1.07	1.01	14.48	11.68	13.90	94.36
2016	1.31	6.32	15.98	13.30	17.42	105.94
2017	1.09	8.55	18.25	16.42	16.29	111.69
2018	8.11	4.41	9.88	11.18	12.07	73.56
2019	1.14	5.31	11.27	10.69	9.82	76.06
2020	9.76	5.45	10.55	8.92	11.82	73.73

注:数据来源于统计年鉴计算与整理。

5.2.3　水资源生态盈余/赤字

水资源生态盈余/赤字公式为:

$$ES = EC_w - EF_w$$

式中,ES 为生态盈余/赤字(hm^2),其值为正时,为生态盈余,表明塔里木河流域水资源尚有潜力;其值为 0 时,表明塔里木河流域水资源生态平衡;其值为负时,为生态赤字,表明水资源处于过量开发阶段。

由表 5-7 可知,塔里木河流域水资源处于严重生态赤字状态。整体来看,2004—2020 年水资源生态赤字呈现上升后下降的变动趋势,从 2004 年的 $-8.13 \times 10^7 hm^2$ 到 2012 年的 $-9.75 \times 10^7 hm^2$,由于当时不注意水资源合理利用,缺乏生态保护意识,耗水量大,造成水资源浪费,生态赤字严重,到 2020 年为 $-91.8 \times 10^7 hm^2$。可见得到控制,说明塔里木河流域水资源利用情况正趋于合理。从空间分布来看,在 2004—2020 年期间,除克州在 2004、2005、2006、2010、2011、2012 六年内有较少的生态盈余,17 年间塔里木河流域五地州均存在着不同程度的水资源生态赤字,尤其阿克苏和喀什地区水资源赤字最为严重,甚至超出其行政区面积。说明塔里木河流域水资源总体严重短缺,超采严重,部分区域存在水资源严重掠夺挤占现象。

表 5-7　水资源生态盈余/赤字

单位:$\times 10^6 hm^2$

指标	巴州	阿克苏	克州	喀什	和田	全流域
2004	−5.93	−15.59	0.08	−15.98	−5.89	−81.34
2005	−7.08	−15.78	0.71	−15.50	−5.11	−79.58
2006	−5.92	−15.56	0.32	−16.01	−4.99	−79.26
2007	−5.95	−15.72	−0.32	−17.19	−5.83	−84.67
2008	−5.98	−16.65	−0.19	−17.89	−6.29	−88.70
2009	−6.31	−16.63	−0.31	−17.21	−6.94	−88.95
2010	−6.40	−15.46	0.58	−17.68	−5.35	−83.52
2011	−5.97	−15.96	0.34	−17.18	−5.99	−84.39
2012	−8.49	−19.08	0.28	−19.13	−5.85	−97.46
2013	−8.65	−19.00	−0.37	−18.45	−5.88	−97.23
2014	−8.66	−18.00	−1.17	−18.14	−6.58	−97.02
2015	−8.07	−16.78	−0.57	−18.49	−6.26	−92.94
2016	−7.64	−17.30	−0.28	−18.17	−5.95	−91.72
2017	−7.07	−16.95	−0.04	−17.37	−5.75	−88.24
2018	−8.01	−16.88	−0.83	−16.54	−5.97	−88.96
2019	−7.86	−18.99	−0.65	−17.69	−5.98	−94.89
2020	−7.20	−17.35	−0.89	−18.10	−5.78	−91.82

注:数据来源于统计年鉴计算与整理。

5.2.4 人口压力对水资源利用的影响

塔里木河流域人口总数从 2004 年的 923.18 万人增长至 2020 年的 1 195.17 万人,年均增长率 1.63％。随着新疆经济发展所带来的聚集、迁移和净出生率增长,人口压力势必加剧水资源生态足迹和水资源承载力的负担,进一步造成生态赤字的提高。基于此,将塔里木河流域2004—2020 年的人均生态足迹、人均水资源承载力以及人均生态足迹绘制成图 5-1。

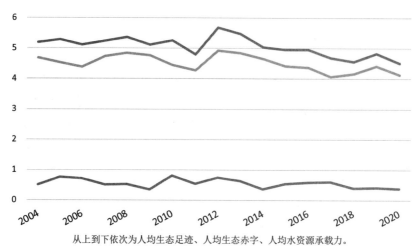

从上到下依次为人均生态足迹、人均生态赤字、人均水资源承载力。

图 5-1　2004—2020 年塔里木河流域人均生态足迹、人均水资源承载力、人均生态足迹

从图 5-1 可以看出,塔里木河流域人均生态足迹保持在 4.52～5.68 hm² · 人⁻¹之间,整体呈现上升后下降的变化趋势,在 2013 年达到最大值 5.679 hm² · 人⁻¹;塔里木河流域水资源承载力年际差异不大,总体维持在 0.34～0.81 hm² · 人⁻¹之间。由上文可以知道,人均水资源承载力主要受降雨量等气候变化以及人口压力的影响,塔里木河流域的人口数不断提高,与之对应的是图中水资源承载力曲线整体呈下降趋势变动。这种趋势依旧不会减弱,因为与全国生育意愿和生育率下降的大趋势不同,按照新疆统计年鉴数据,南疆地区依旧具有较高的净出生率,尤其在少数民族聚集区早生多生现象更是普遍发生(李建新,2023);降雨量、高温等气候变化则会严重影响当年的水资源总量,进而造成人均水资源承载力的变动。以丰水年为例,高温融化雪水,上游水量增加、降雨量提高,则会造成个别年份(2011、2013年)人均水资源承载力的增高,反之亦然。

5.2.5 水资源生态赤字/盈余的预测

通过 GM(1,1) 模型,对新疆 2004—2025 年间的水资源生态赤字/盈余情况进行预测分析(雷亚君,2017)。通过公式计算求得:$\alpha=-0.011\,0$,$\mu=4.292\,5$。将值代入公式中得到预测模型:

$$X^{(1)}(k) = 3\,867\,883\,281.606\,1e^{0.011\,0(k-1)} - 39\,108\,085\,356\,449$$

式中,$X^{(1)}(k)$ 为预测值,k 为自初始值起测算的期数。

从表 5-8 中可以看出,塔里木河流域水资源生态赤字/盈余原始值与拟合值的误差较小。通过后验差检验对模型进行精度检验,原始数据方差 s^1 为 0.120 1,残差方差 s^2 为

0.062 4,求得后验差比值 C 为 0.519 3,可以看出该模型有足够的精度,可作为预测模型。

表 5-8　2004—2020 年塔里木河流域水资源生态赤字/盈余原始值与拟合值对比

单位:$\times 10^7 hm^2$

年份	原始值	预测值	残差
2004	−4.33	−4.33	0.00
2005	−4.27	−4.45	−0.18
2006	−4.22	−4.49	−0.28
2007	−4.50	−4.54	−0.04
2008	−4.70	−4.58	0.12
2009	−4.74	−4.63	0.11
2010	−4.43	−4.67	−0.24
2011	−4.48	−4.71	−0.24
2012	−5.23	−4.76	0.47
2013	−5.24	−4.81	0.43
2014	−5.25	−4.85	0.40
2015	−5.02	−4.90	0.12
2016	−4.93	−4.95	−0.01
2017	−4.72	−4.99	−0.28
2018	−4.82	−5.04	−0.22
2019	−5.12	−5.09	0.03
2020	−4.93	−5.14	−0.21

根据上述样本,代入公式延续计算,得出之后五年的预测结果并绘制成折线图如图 5-2 所示。

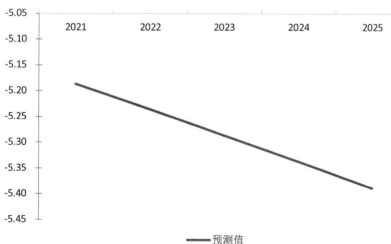

图 5-2　塔里木河流域 2021—2025 年水资源生态赤字/盈余预测

预测结果显示,塔里木河流域2021—2025年5年间水资源依旧将处于赤字状态,2021年为$-5.18\times10^7\,hm^2$,逐年减少至2025年的$-5.38\times10^7\,hm^2$。随着经济的发展,水资源持续开发利用情况越来越不好,水资源生态足迹呈上升趋势,水资源承载力呈下降趋势,水资源生态赤字越来越严重。由于新疆经济发展迅速,工业发展不完善,水资源利用率低,农业用水逐步从粗放式利用转向集约化利用,人们环保意识薄弱。因此,今后的形势越来越严峻,需要提高节水意识。

5.3 塔里木河流域生态服务价值及土地利用变化情况

5.3.1 超限开发耕地情况

从塔里木河流域水资源利用情况来看,超过九成流向了农业生产,而运用到耕地的水资源占比最大。为了考察流域耕地生态赤字情况,参照财政学的赤字率指标,我们将水资源生态赤字率定义为:流域(区域)的水资源生态赤字率=流域(区域)的水资源生态赤字/整个流域(行政区)总面积。得出2004—2020年五地州各自的赤字率如表5-9所示。

表5-9 塔里木河流域生态赤字率

指标	巴州	阿克苏	克州	喀什	和田	全流域
2004	−0.15	−1.19	0.01	−1.43	−0.28	−0.48
2005	−0.18	−1.20	0.10	−1.39	−0.24	−0.48
2006	−0.15	−1.19	0.05	−1.43	−0.24	−0.47
2007	−0.15	−1.20	−0.05	−1.54	−0.28	−0.50
2008	−0.15	−1.27	−0.03	−1.60	−0.30	−0.52
2009	−0.16	−1.27	−0.04	−1.54	−0.33	−0.52
2010	−0.16	−1.18	0.08	−1.58	−0.25	−0.50
2011	−0.15	−1.22	0.05	−1.54	−0.28	−0.50
2012	−0.21	−1.46	0.04	−1.71	−0.28	−0.58
2013	−0.22	−1.45	−0.05	−1.65	−0.28	−0.58
2014	−0.22	−1.37	−0.17	−1.62	−0.31	−0.58
2015	−0.20	−1.28	−0.08	−1.66	−0.30	−0.55
2016	−0.19	−1.32	−0.04	−1.63	−0.28	−0.54
2017	−0.18	−1.29	−0.01	−1.56	−0.27	−0.52
2018	−0.20	−1.29	−0.12	−1.48	−0.28	−0.53
2019	−0.20	−1.45	−0.09	−1.58	−0.28	−0.56
2020	−0.18	−1.32	−0.13	−1.62	−0.27	−0.54

注:数据来源于统计年鉴计算与整理。

　　将表 5-9 中各地州的水资源生态赤字率(γ)与塔里木河流域各地州每年开发的耕地面积(σ)相乘,再乘农田灌溉用水在总用水量中的比重(η),即可得到塔里木河流域及各地州耕地用水生态赤字(ζ),即超过水资源承载力开发的耕地面积,我们将其定义为超限开发耕地面积,即基于水资源承载力必须退耕的理论面积。具体如下:

$$\zeta = \gamma \times \sigma \times \eta$$

2004—2020 年塔里木河流域农田灌溉用水占比如表 5-10 所示。超限开发耕地面积整理可得表 5-11。

表 5-10　2004—2020 年塔里木河流域农田灌溉用水占比

单位:%

指标	巴州	阿克苏	克州	喀什	和田	全流域
2004	61.05	74.84	47.04	84.16	63.46	73.85
2005	52.48	73.88	45.31	83.16	64.19	71.56
2006	61.85	76.06	49.44	81.17	63.49	73.46
2007	72.45	74.28	51.17	80.90	61.88	74.18
2008	74.81	76.68	51.87	83.23	64.50	76.50
2009	69.71	79.40	47.20	75.74	59.69	72.99
2010	62.61	78.83	43.27	70.91	60.37	69.94
2011	60.29	77.10	40.17	68.03	57.51	67.74
2012	69.36	72.65	57.81	78.78	56.59	71.74
2013	68.23	72.36	53.86	77.19	60.03	71.21
2014	68.80	76.44	40.86	77.96	63.88	72.71
2015	68.23	67.46	38.58	84.85	60.57	71.69
2016	70.02	66.42	40.88	85.00	61.21	71.90
2017	79.69	66.58	41.99	88.47	64.51	75.10
2018	72.58	71.98	45.62	92.34	63.56	76.84
2019	69.94	67.02	49.33	84.23	62.66	72.15
2020	79.29	73.38	46.29	83.81	62.80	75.61

注:数据来源于统计年鉴、新疆水资源公报计算与整理。

表 5-11　2004—2020 年塔里木河流域超限开发耕地面积

单位:$\times 10^4 hm^2$

指标	巴州	阿克苏	克州	喀什	和田	全流域
2004	1.66	34.82	−0.02	66.91	3.98	107.33
2005	1.90	36.99	−0.20	67.22	3.49	109.40
2006	1.86	36.82	−0.10	72.40	3.24	114.22

指标	巴州	阿克苏	克州	喀什	和田	全流域
2007	2.40	34.50	0.10	83.41	3.60	124.01
2008	2.93	48.57	0.07	102.11	4.28	157.95
2009	3.07	58.17	0.11	99.44	4.47	165.26
2010	2.82	53.07	−0.19	93.53	3.59	152.82
2011	2.71	54.67	−0.11	89.36	3.77	150.40
2012	4.60	63.14	−0.14	121.59	3.70	192.89
2013	4.90	63.21	0.18	114.57	3.87	186.72
2014	6.89	85.81	0.47	151.68	5.06	249.91
2015	5.80	72.91	0.23	165.53	4.77	249.26
2016	5.66	78.17	0.12	161.30	4.49	249.75
2017	5.92	76.11	0.02	152.10	4.49	238.64
2018	6.11	81.94	0.41	151.20	4.59	244.25
2019	5.10	78.73	0.32	133.93	4.28	222.36
2020	5.64	91.03	0.45	141.38	4.19	242.69

注：数据来源于统计年鉴计算与整理。

2004—2020 年塔里木河流域耕地用水生态赤字非常严重,说明超出水资源生态承载力的耕地面积很大,在 $107.33 \times 10^4 \sim 249.91 \times 10^4 \ \mathrm{hm}^2$ 的范围间波动,截至 2020 年已达到 $242.69 \times 10^4 \ \mathrm{hm}^2$。总体上呈现先上升再下降后趋于稳定的变化趋势。具体而言,2004—2014 年全流域农业生产超额开发的耕地面积呈现上升趋势,之后开始缓慢下降。2014 年超采规模上升尤为严重,达到 11 年来最高值 $249.91 \times 10^4 \ \mathrm{hm}^2$,较之上年涨幅达 33.84％,与此同时,需水量和用水量也达到了历史最高。这很可能与自治区政府工作报告中提出的"耕地面积稳中有增"有关。此后,自治区人民政府印发并实行了《关于实行最严格水资源管理制度 落实"三条红线"控制指标的通知》,并于 2014 年 9 月通过了新修订的《塔里木河流域水资源管理条例》的同时着重指出严禁非法开荒、落实"退耕还林",之后 2017 年实施《塔里木河流域"四源一干"2017 年度水量分配方案》,又进一步细化了各地区的水资源使用情况。一系列的政策文件的颁布实施,完善了水资源管理制度和土地管理制度,加强了对塔里木河流域水土资源的管理调配。自 2014 年开始,塔里木河流域超采面积逐年下降,超采耕地情况得以控制。对照南疆各地州的耕地面积利用情况,同样都显示 2014 年为下降节点,即 2014 年之前耕地面积增加且涨幅较大,而后开始下降或趋于稳定,这也再次印证了上述结论。

从水资源利用的视角,五地州拓耕存在较大的差异性。其中,阿克苏地区和喀什地区的超额开采农用地情况最为严峻,且几乎占据了全流域超耕总量的全部,以 2020 年为例,两地州超采总量分别占塔里木河流域超采总额的 37.51％、58.26％,此外,两地州的超采面积和变化趋势也较为相近,两地州分别位于"四源一干"中的两大源流区阿克苏流域和叶尔羌河流域,具有较大区位优势,从而截流水源用于本地农业灌溉,造成用水量和耕地面积逐年增加。其他三地州超耕情况则较少,且克州在 2004—2006 年、2010—2012 年的六年间出现生态盈余,存在一定的开发潜力。其他年份也出现了超采现象,但程度不高,不足全流域超采总量的 0.2%。此外,耕地面积的变动与同年降雨量有关,在丰水年份大多更多地开采耕地。

5.3.2　生态服务价值

参照谢高地(2007)对中国每单位生态服务价值当量因子的经济价值,按照 CPI 指数进行修正,以 439.9 元/hm² 的不变价格估算塔里木河流域生态系统服务价值,以期更直观地反映净价值变化。将塔里木河流域不同生态系统类型主要分为林地、草地、耕地、水域和未利用土地生态系统,对应的单位面积生态服务价值分别为 12 628.69、5 241.00、3 547.89、20 366.69 和 624.25 元·hm^{-2}·a^{-1}。整理得到 2000、2005、2010、2015 和 2020 不同土地类型利用情况(表 5-12)和生态系统服务价值(表 5-13)。

表 5-12　2000—2020 年塔里木河流域各土地利用面积

单位:×10⁶hm²

年份	耕地		林地		草地		水域		未利用土地	
	面积	占比	面积	占比	面积	占比	面积	占比	面积	占比
2000	2.69	2.61%	1.40	1.36%	27.97	27.15%	4.10	3.98%	66.86	64.89%
2005	3.07	2.98%	1.36	1.32%	27.73	26.92%	4.11	3.99%	66.74	64.79%
2010	3.17	3.08%	1.34	1.30%	27.72	26.91%	4.08	3.96%	66.70	64.75%
2015	3.72	3.61%	1.30	1.26%	27.38	26.59%	4.10	3.98%	66.46	64.55%
2020	4.22	4.11%	1.28	1.24%	27.01	26.26%	2.76	2.68%	67.59	65.71%

注:数据来源于中国科学院资源环境科学数据中心数据库(http://www.resdc.cn/)。

表 5-13　2000—2020 年塔里木河流域生态服务价值

单位:×10¹⁰元

年份	耕地	林地	草地	水域	未利用土地	总价值
2000	0.94	1.74	14.36	8.19	4.09	29.31
2005	1.07	1.69	14.23	8.21	4.08	29.27
2010	1.10	1.66	14.23	8.13	4.08	29.20
2015	1.29	1.61	14.05	8.17	4.06	29.19
2020	1.47	1.58	13.87	5.51	4.13	26.55

注:根据表 5-12 计算所得。

从整体来看,塔里木河流域生态系统服务价值在 2000 年至 2020 年较为平稳,呈现小幅下降趋势,随后的五年间总价值急剧降低,下降幅度高达 9.02%。

具体来讲,20 年间,农业用地面积持续扩大,严重挤占其他类型土地占有率,以致塔里木河流域生态服务价值降低。与此同时,林地、草地、水域三类生态系统均呈现逐年降低趋势,而农用地的规模则在不断提升,可见农用地挤占了以上三类土地类型。此外,未利用土地生态系统服务价值在 2000—2015 年间逐年降低,2015 年之后急剧上升,可能的原因为林地、草地、水域在 5 年内有一部分转变为未利用土地。以上分析并不能准确地判断出以上各类土地之间的变化情况,若使各类土地转变直观显示,需构建转移矩阵进行测算。因此利用 Arcgis 统计各个行政区内不同土地利用类型的面积,构造土地利用变化转移矩阵,测算 2000—2020 年间塔里木河流域各类型土地间的变化情况。

5.3.3 土地利用转移矩阵

运用土地利用转移矩阵分析 2000—2020 年间每 5 年的土地利用类型变化情况,共 4 期土地利用转移矩阵(表 5-14、表 5-15、表 5-16、表 5-17)。在矩阵中,行表示该时期的初始时间的土地利用类型,列表示该时期的终点时间的土地利用类型(吴铭婉 等,2020)。土地利用数据均来源于中国科学院资源环境科学数据中心数据库(http://www.resdc.cn/)。

表 5-14 2000—2005 年塔里木河流域土地利用变化转移矩阵

单位:$\times 10^5 \, hm^2$

2000 年	2005 年							
	耕地	林地	草地	水域	城镇	未利用土地	总计	转出总量
耕地	26.76	0	0.08	0	0.05	0.01	26.91	0.15
林地	0.49	13.49	0.04	0.02	0	0.01	14.04	0.56
草地	2.73	0.03	276.78	0.15	0.01	0.03	279.74	2.96
水域	0.05	0.01	0.17	40.62	0.01	0.17	41.03	0.41
城镇	0.01	0	0	0	1.43	0	1.44	0.01
未利用土地	0.64	0.12	0.20	0.34	0.06	667.21	668.55	1.35
总计	30.67	13.65	277.27	41.13	1.56	667.43	1 031.71	5.43
转入总量	3.91	0.16	0.49	0.51	0.13	0.22	5.43	

表 5-15 2005—2010 年塔里木河流域土地利用变化转移矩阵

单位:$\times 10^5 \, hm^2$

2005 年	2010 年							
	耕地	林地	草地	水域	城镇	未利用土地	总计	转出总量
耕地	30.50	0.02	0.14	0.00	0.01	0.01	30.67	0.17
林地	0.16	13.34	0.14	0.00	0.00	0.01	13.65	0.31
草地	0.64	0.02	276.49	0.01	0.01	0.10	277.27	0.78
水域	0.04	0	0.27	40.73	0.00	0.09	41.13	0.40
城镇	0	0	0	0	1.56	0	1.56	0
未利用土地	0.36	0.02	0.17	0.01	0.13	666.74	667.43	0.68
总计	31.70	13.40	277.20	40.76	1.70	666.95	1 031.71	2.35
转入总量	1.20	0.06	0.71	0.03	0.14	0.21	2.35	

表 5-16　2010—2015 年塔里木河流域土地利用变化转移矩阵

单位:×10⁵hm²

2010 年	2015 年							
	耕地	林地	草地	水域	城镇	未利用土地	总计	转出总量
耕地	31.49	0	0.07	0	0.15	0	31.70	0.22
林地	0.42	12.94	0.03	0	0.01	0	13.40	0.46
草地	3.43	0.03	273.48	0.17	0.07	0.04	277.20	3.73
水域	0.06	0	0.11	40.58	0.00	0.01	40.76	0.18
城镇	0.02	0	0	0	1.68	0	1.70	0.02
未利用土地	1.77	0.03	0.10	0.22	0.33	664.52	666.95	2.43
总计	37.18	12.99	273.77	40.96	2.24	664.57	1 031.71	7.04
转入总量	5.69	0.06	0.30	0.39	0.55	0.05	7.03	

表 5-17　2015—2020 年塔里木河流域土地利用变化转移矩阵

单位:×10⁵hm²

2015 年	2020 年							
	耕地	林地	草地	水域	城镇	未利用土地	总计	转出总量
耕地	30.24	1.28	2.88	0.29	1.24	1.24	37.18	6.94
林地	1.35	3.52	5.73	0.24	0.05	2.10	12.99	9.47
草地	6.94	6.18	169.34	3.77	0.21	87.33	273.77	104.43
水域	0.34	0.24	7.18	17.57	0.01	15.60	40.95	23.37
城镇	0.86	0.08	0.08	0.01	1.10	0.11	2.24	1.14
未利用土地	2.51	1.49	84.88	5.72	0.45	569.50	664.54	95.05
总计	42.23	12.78	270.10	27.61	3.06	675.88	1 031.66	240.40
转入总量	11.99	9.26	100.76	10.03	1.96	106.39	240.40	

从以上 4 期转移矩阵可以看出,2000—2020 年的 11 年间,塔里木河流域的耕地的转入量与转出量分别为 $2.28 \times 10^6 hm^2$ 和 $7.48 \times 10^5 hm^2$,耕地增加所带来的生态服务价值增量为 5.33×10^9 元;林地的转入量与转出量分别为 $9.54 \times 10^5 hm^2$ 和 $1.08 \times 10^6 hm^2$,林地增加所带来的生态服务价值损失值为 1.56×10^9 元;草地的转入量与转出量分别为 $1.02 \times 10^7 hm^2$ 和 $1.12 \times 10^7 hm^2$,草地减少所带来的生态服务价值损失值为 4.95×10^9 元;水域的转入量与转出量分别为 $1.10 \times 10^6 hm^2$ 和 $2.44 \times 10^6 hm^2$,水域减少所带来的生态服务价值损失值为 2.68×10^{10} 元;城镇的转入量与转出量分别为 $2.79 \times 10^5 hm^2$ 和 $1.16 \times 10^5 hm^2$,城镇生态系统的生态服务价值很低,故不考虑此类用地的生态服务价值,城镇建设利用土地挤占了其他类型土地必然造成一定的损失;未利用土地的转入量与转出量分别为 $1.07 \times 10^7 hm^2$ 和 $9.95 \times 10^6 hm^2$,未利用土地增加所带来的生态服务价值损失值为 8.93×10^9 元。可以看出,在以上 6 类土地之中,耕地和城镇面积是增加的,而这两类土地类型构建的生态系统所蕴含的单位生态

服务价值当量较低,当此类土地规模增加势必导致塔里木河流域整体生态系统服务价值降低。其中,城镇的增加面积为 $1.63×10^5 hm^2$,仅占土地变动总量 0.96%,可见,主要是生态服务价值当量较低的耕地面积增加所产生的生态服务价值远远低于其他(林地、水域、草地)生态系统所蕴含的生态服务价值,从而造成了塔里木河流域生态服务价值的整体下降。

2015—2020 年期间,塔里木河流域的土地和生态服务价值的变动尤为明显。具体而言,耕地的转入量与转出量分别为 $1.20×10^6 hm^2$ 和 $6.94×10^5 hm^2$,耕地增加所带来的生态服务价值增量为 $1.78×10^9$ 元;林地的转入量与转出量分别为 $9.26×10^5 hm^2$ 和 $9.47×10^5 hm^2$,林地减少所带来的生态服务价值损失值为 $2.60×10^6$ 元;草地的转入量与转出量分别为 $1.01×10^7 hm^2$ 和 $1.04×10^6 hm^2$,草地减少所带来的生态服务价值损失值为 $1.89×10^9$ 元;水域的转入量与转出量分别为 $1.00×10^6 hm^2$ 和 $2.34×10^6 hm^2$,水域减少所带来的生态服务价值损失值为 $2.66×10^8$ 元;城镇的转入量与转出量分别为 $1.96×10^5 hm^2$ 和 $1.14×10^5 hm^2$;未利用土地的转入量与转出量分别为 $1.06×10^7 hm^2$ 和 $9.51×10^6 hm^2$,未利用土地增加值所带来的生态服务价值增加值为 $6.94×10^6$ 元。可以看出,耕地、未利用土地和城镇面积分别增加了 $5.06×10^5$、$1.09×10^6$、$8.23×10^4 hm^2$,这三类土地构建的生态系统所蕴含的单位生态服务价值当量是最低的,它们的增加与之对应的是林地、水域和草地面积的减少。这五年间其他类型生态系统向耕地的转入情况是最为明显的,尤其林地、水域和草地这三类生态服务价值当量最高的生态系统占比达到了 71.98%,未利用土地转入了 20.93%。这也再次印证了塔里木河流域生态服务价值的整体下降主要是由于耕地面积挤占其他较高生态服务价值土地的结论。

5.3.4 塔里木河流域土地利用预测

以上对 2000—2020 年塔里木河流域土地利用情况时空格局演变和土地类型变化进行探究,接下来基于 CA-Markov 模型,运用 IDRI-Selva 软件预测塔里木河流域空间发展变化(张剑 等,2020;黎云云 等,2020)。该软件以相同倍数年预测效果更好。因此,预测 2020—2025 年塔里木河流域土地利用变化转移矩阵(表 5-18)。

表 5-18 2020—2025 年塔里木河流域土地利用变化转移矩阵

单位：$×10^5 hm^2$

2020 年	2025 年							
	耕地	林地	草地	水域	城镇	未利用土地	总计	转出总量
耕地	34.08	1.20	3.67	0.45	1.11	1.72	42.23	8.16
林地	1.15	7.32	2.76	0.26	0.06	1.29	12.82	5.50
草地	3.84	2.85	240.55	3.25	0.08	19.92	270.50	29.95
水域	0.43	0.24	3.35	17.84	0.02	5.68	27.55	9.71
城镇	1.13	0.06	0.14	0.01	1.45	0.26	3.06	1.59
未利用土地	1.99	1.36	19.75	5.71	0.23	646.92	675.96	29.03
总计	42.62	13.03	270.21	27.52	2.96	675.79	1032.12	83.95
转入总量	8.54	5.71	29.66	9.68	1.50	28.87	83.97	

可以看出,2020—2025 年的土地类型变动情况较前 21 年明显减缓,耕地、林地、草地、水域、城镇、未利用土地面积的净增加值分别为 $3.82×10^4$、$2.10×10^4$、$-2.88×10^4$、$-3.34×10^3$、$-1.05×10^4$、$-1.66×10^4$ hm^2。耕地扩张趋势虽有所缓解,比上一期(2015—2020 年)同比降低 24.36%,但挤占其他类型土地情况依旧较为严重,草地、水域、城镇和未利用土地面积均存在不同程度下降。此外,生态输水工程、生态保护政策(退耕还林等)、水资源管理制度(2017 年河长制等)的效果逐渐凸显,5 年内生态林、经济林等林地面积得以增加,林地增加所带来的生态服务价值增加值为 $2.59×10^8$ 元,有效抵消了由草地、水域、城镇、未利用土地面积减少所损失的生态服务价值 $2.25×10^8$ 元,大大提升了塔里木河流域整体的生态服务价值。不难看出,到 2025 年耕地的扩张速度得以减缓,但依旧不容乐观,尤其草地这一生态系统的规模一直减少,仅小部分升级为林地生态系统,大部分转化为生态服务价值当量较低的耕地系统,甚至降级至未利用土地。

5.4　本 章 小 结

本章主要通过塔里木河流域内农业活动对于流域内水质的影响、塔里木河流域水资源承载力的核算来说明该地区实施水资源生态补偿的重要性,以及补充水资源生态补偿标准的依据。经过分析得出:叶尔羌河及阿克苏河农业生产对于水环境的负外部性较强;巴州与阿克苏的水资源承载力为五个地州中较弱的地区,五地州除克州少数年份外,都出现水资源赤字的现象,说明塔里木河流域一直以来农业活动都超出了水资源承载力的安全范围;从人口压力的角度分析塔里木河流域水资源利用情况,测算了人均水资源生态足迹、人均水资源承载力和人均生态赤字/盈余,结果表明随着人口的逐渐增长,生态赤字不断增加。南疆地区 1.63% 年均人口率势必将加剧生态足迹和水资源承载力的负担,进一步造成生态赤字的提高;之后运用 GM(1,1) 模型对水资源生态赤字/盈余进行了预测,得到 2020—2025 年塔里木河流域水资源依旧将处于赤字状态,到 2025 年已达到 $-5.38×10^7$ hm^2,随着农业开发和经济发展,形势将愈发严峻。

测算塔里木河流域超限开发耕地面积,即基于水资源承载力必须退耕的理论面积。结果显示,以 2014 年为节点,此前全流域农业生产超额开发的耕地面积呈现上升趋势,尤其 2013 年内超采规模上升尤为严重,达到 11 年来最高值 $236.96×10^4$ hm^2,需水量和用水量也达到了历史最高。此后,自治区人民政府印发并实行了《关于实行最严格水资源管理制度落实"三条红线"控制指标的通知》,并于 2014 年 9 月通过了新修订的《塔里木河流域水资源管理条例》,着重指出严禁非法开荒、落实"退耕还林",加强了对塔里木河流域水土资源的管理调配。自 2014 年开始塔里木河流域超采面积逐年下降,超采耕地情况得以控制。空间差异明显,五地州中阿克苏地区与喀什地区是超耕面积最多的地区,占整个流域超耕面积的 95.77%,作为国家优质棉花基地,对于塔里木河流域的水资源消耗量与水资源生态环境都是一种非常大的压力。以上数据分析可以充分说明塔里木河流域实施水资源生态补偿的紧迫性,也能为实施水资源生态补偿标准提供核算依据(见第 8 章)。

对 2000—2020 年塔里木河流域生态服务价值及土地利用变化情况进行分析。结果表明 21 年间塔里木河流域各土地类型的变动很明显,总体生态服务价值明显下降,前 15 年总体变动较为平稳,呈现小幅下降趋势,后 5 年生态服务价值显著降低,由 29.80×10^{10} 下降至 27.11×10^{10} 元,同比下降了 9.02 个百分点。具体表现为林地、草地、水域三类生态服务价值较高的土地转变为价值较低的耕地、城镇和未利用土地;耕地扩张挤占了其他生态系统,是造成了塔里木河流域生态系统服务价值降低的最主要原因;相较于其他时间段,在 2015—2020 年期间,耕地变动非常明显,尤其林地、水域和草地这三类生态服务价值当量最高的生态系统占比达到了 71.98%,未利用土地转入了 20.93%。再次印证了塔里木河流域生态系统服务价值下降主要是由于耕地扩张这一结论。

基于 CA-Markov 模型预测塔里木河流域土地利用变化,结果表明到 2025 年土地变动趋势减缓,耕地面积增速降低,但依旧会挤占其他土地类型。水域、草地、未利用土地的面积存在不同程度的降低,尤其草地仍是转出最为严重的生态系统,有小部分升级为林地,更多降为了耕地甚至是退化为未利用土地。生态输水工程、生态保护政策(退耕还林等)、水资源管理制度(2017 年河长制等)的效果逐渐凸显,经济林、生态林等林地生态系统逐渐恢复,林地这一生态服务价值当量最高的生态系统的面积增加,使得塔里木河流域生态服务价值得到明显提升。

第6章 塔里木河流域水资源生态补偿核心利益相关者识别及博弈分析

通过对前几章分析可知,塔里木河流域水资源管理利用存在诸多问题,严重影响"三型"农业的发展,虽然对塔里木河流域水资源生态补偿进行尝试,但效果并不明显,未得到有效改善。重点是如何有效协调各生态补偿核心利益相关者之间的矛盾,这就需要制定出台激励相容的制度来解决。本章依据博弈理论,拟对塔里木河流域水资源生态补偿实施过程中的各类参与主体进行识别,并对他们之间采取的策略进行博弈分析,通过建立演化博弈模型,模拟长期博弈过程中调整策略的可能性,提出最优解下核心利益相关者的策略调整建议,以期为后面章节对流域水资源生态补偿制度框架设计提供理论支持。

6.1 塔里木河流域水资源生态补偿核心利益相关者识别及其行为

塔里木河作为我国最大的内陆河,全长 2 179 km,该区域地缘辽阔,其中相关利益主体较多,一般来讲,未将主要利益主体识别并放置于同一博弈模型的博弈分析是割裂开的,割裂开的分析很难找到各方都满意的均衡点。通常将兵团和地方视作有政府与企业、农户三方置于同一博弈模型分析,但结合塔里木河流域的现实情况,并未这样分析。主要原因:第一,塔里木河流域地方政府在保障生活用水后,调配农业、工业用水时,划定一定的使用指标。与内地大部分地区不同,在该地工业发展相对薄弱,政府划拨给企业的工业用水指标并未全部用完,且会每年存在一定剩余。因此,塔里木河流域水资源总量虽不足,企业与农户间却并不存在水资源的竞争关系,所以无须将企业与农户区分探讨。第二,兵团与地方之间、兵团与兵团之间、地方与地方之间均存在水资源的争夺问题,即希望得到更多的水,在保障生活所需外,主要发展本地经济(农业生产为主)。而农户的利益诉求同样为得到充足的水,用于个人的农业生产。可见,地方(或兵团)政府与农户有着相同的利益诉求。因此,矛盾点仅存在于塔管局与地方(或兵团)政府。综上所述,本书对相关利益者进行识别,将其分为中央政府与地方政府、地方政府与微观主体、地方与兵团、源流与干流四类。

根据对相关文献的梳理发现,在流域生态补偿相关利益主体的双方博弈中,其关系可分为两种——"纵向"与"横向","纵向"是指有上下级关系,如管辖、监督等;"横向"是指同级别间或没有强约束力的关系。在"纵向"关系中,由于有足够的约束,双方往往可以通过博弈达到均衡,如上下级政府间、政府与企业、政府与个人等。"横向"关系中,对流域采取生态保护的一方,很难得到受益者的补偿,而破坏者也很少对受害者进行赔付,如流域上下游、同级政府、补偿主体与客体。换言之,若只依靠"横向"关系双方自由的策略选择,无法实现稳定理想局面,此时,往往需要引入第三方(上级、契约、基金组织等)加以约束,以达到各方利益的纳什均衡。本书对塔里木河流域水资源生态补偿核心利益相关者的划分,中央政府与地方政府、地方政府与微观主体属于"纵向"关系。地方与兵团、源流与干流属于"横向"关系,需要第三方的介入,来约束生态补偿核心利益相关者,形成三方博弈的态势。

相关利益者之间存在一系列矛盾,流域水资源生态补偿制度的制定目标应该定位为缓解相关利益者矛盾,对于"纵向"关系而言,主要存在的矛盾为:上级对下级进行监督管理,通过税收罚金和奖励补偿等手段激励引导下级开展生态环境治理和保护措施。而下级往往考虑预期成本,对自己是否"划算",将治理费用与补偿金、奖金、罚金等进行比较,作出决策。具体来讲:

(1)权衡采取生态保护措施成本与获得好处。

(2)权衡不采取保护措施与受到惩处。

(3)综合以上方案做出最利于自身利益的决策。

对于"横向"关系而言,主要存在着两方面的矛盾:第一,一方不愿意进行生态保护,短期内过度地开发资源来获取较大的经济效益,由此产生负的外部性,即生态破坏后果由当地与其他区域共同承担;此外,采取生态保护措施会付出较高成本,受益者给予的生态补偿远远不足。第二,受益一方不愿进行生态补偿或仅支付较低的生态补偿费用,来享受生态外部效应,这种情况下,环境保护方会进一步降低保护环境意愿和积极性。这时仅靠"横向"关系很难达到均衡的稳定状态,从而引入第三方加入,在流域生态补偿中,政府往往作为宏观调控者,承担监督、管理职责,对不合作行为进行惩罚,对合作行为进行奖励。

6.2　塔里木河流域水资源生态补偿核心利益相关者的博弈分析

6.2.1　中央政府与地方政府

塔里木河流域水利委员会由自治区人民政府直接领导,代表中央意志,下设执行机构与办事机构(同时也是自治区水行政部门的派出机构)两个部门对塔里木河流域水资源进行管理,分别为执行委员会和塔里木河流域管理局。具体见图6-1。两大部门具有不同职权,分管地方政府用水量调配、生态环境治理等具体工作。塔里木河流域管理部门职责(孙嘉 等,2022)具体见附录6。

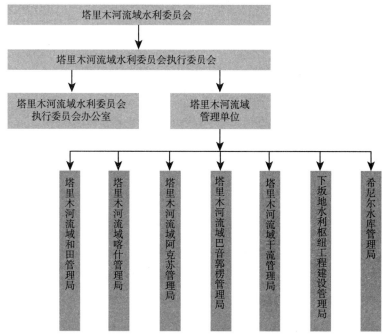

图 6-1 塔里木河流域水资源管理体制机构示意图

本书将代表中央意志的塔里木河流域管理部门整体统称为中央政府,塔里木河流域的地方政府机构称为地方政府。在塔里木河流域水资源开发中,中央政府与地方政府间存在着博弈行为,其中,中央政府的策略选择为是否监督,地方政府的策略选择为是否执行相关法律法规。首先做出如下假设。

假设 1:代表中央政府意志的塔里木河流域管理部门与地方政府作为经济的理性人,但双方具有较强的约束力,不需要第三方的介入即可达到均衡。中央政府监督的概率为 α,不监督的概率为 $1-\alpha$。地方政府执行法律法规的概率为 β,不执行法律法规的概率为 $1-\beta$(时岩钧,2020)。当中央政府不监督地方政府执行时,双方会受到正效应,分别为 U_1、U_2;当中央政府监督而地方政府未执行时,双方会受到负效应,分别为 U_3、U_4。

假设 2:中央政府的监督成本为 C_1,监督收益为 G;地方政府执行治理政策的收益为 L_1,不执行为 L_2。

假设 3:地方政府执行流域水资源生态保护的法律法规产生成本为 C_2,同时获得中央财政支持 T。若不执行生态保护的法律法规,会受到中央政府的罚金为 F。

中央政府与地方政府的收益矩阵如表 6-1 所示。

表 6-1 中央政府与地方政府的收益矩阵

博弈主体及策略选择		中央政府	
		监督 α	不监督 $1-\alpha$
地方政府	执行 β	$L_1-C_2+T,G-C_1-T-U_1$	$L_1-C_2+T+U_4,G-T+U_3$
	不执行 $1-\beta$	$L_2-F-U_2,F-C_1-U_1$	$L_2+T-U_2,-T$

中央政府监督、不监督及平均的期望效用函数分别为：

$$E_1^p = \alpha(G - C_1 - T - U_1) + (1 - \alpha)(F - C_1 - U_1)$$

$$E_1^n = \alpha(G - T + U_3) + (1 - \alpha)(-T)$$

$$\overline{E}_1 = \alpha E_1^p + (1 - \alpha)E_2^n$$

此时中央政府采取监管行为的复制动态方程以及一阶导数为：

$$F(\alpha) = \frac{d\alpha}{dt} = E_1^p - \overline{E}_1 = (1 - \alpha)(E_1^p - E_1^n)$$

$$= \alpha(1 - \alpha)(-F - C_1 - U_1)$$

$$F'(\alpha) = (1 - 2\alpha)(F - C_1 - U_1 - T - \alpha F - \alpha T - \alpha U_3)$$

当 $F(\alpha) = 0$ 时，达到稳定状态。可得中央政府稳定点的解集：

$$X_1 = 0, X_1 = 1, Y = \frac{F - C_1 - U_1 - T}{F + T + U_3}$$

同理可得出地方政府稳定点的解集为

$$Y_1 = 0, Y_1 = 1, X_1 = \frac{L_2 - L_1 - U_2 - U_4 + C_2}{F + T - U_4}$$

根据以上分析，将中央政府与地方政府的行列式与机构建雅可比矩阵为：

$$J = \begin{bmatrix} \dfrac{\partial F(\alpha)}{\partial \alpha} & \dfrac{\partial F(\alpha)}{\partial \beta} \\ \dfrac{\partial F(\beta)}{\partial \alpha} & \dfrac{\partial F(\beta)}{\partial \beta} \end{bmatrix}$$

$$= \begin{bmatrix} (1 - 2\alpha)(F - C_1 - U_1 - T - \alpha F - \alpha T - \alpha U_3) \\ \alpha(1 - \alpha)(-F - C_1 - U_1) \\ \beta(1 - \beta)(F + T - U_4) \\ (1 - 2\beta)(\alpha F + \alpha T - \alpha U_4 + L_1 - L_2 + U_4 + U_2 - C_2) \end{bmatrix}$$

为了简化表达，设定：$P_1 = F - C_1 - U_1 + T$，$O_1 = L_1 - L_2 + U_4 + U_2 - C_2$，$K_1 = C_1 + U_1 + U_2$，$I_1 = F + L_1 - L_2 + T + U_2 - C_2$。构建雅可比矩阵对均衡点进行稳定性分析，如表 6-2 所示。

表 6-2　雅可比矩阵行列式与迹

均衡点	Det $\boldsymbol{J}$	Tr $\boldsymbol{J}$
$A(0,0)$	$P_1 * O_1$	$P_1 + O_1$
$B(1,0)$	$-P_1 * I_1$	$I_1 - P_1$
$C(0,1)$	$K_1 * O_1$	$-K_1 - O_1$
$D(1,1)$	$-K_1 * I_1$	$K_1 - I_1$
$E(X,Y)$	$(-O_1 * K_1 * I_2 * P_1)/(F + T - U_4)(F + T + U_3)$	0

在中央政府与地方政府的博弈中，最优解为（不监管，治理），此条件下，已知 $K > 0$，对参数 R_1、O_1、I_1 进行讨论，判断 Det $\boldsymbol{J}$、Tr $\boldsymbol{J}$ 的符号，有两种情况符合其演化博弈的最优策略

（刘加伶 等,2020）,见表 6-3。

表 6-3　局部均衡点的稳定性分析结果

均衡点	$P_1>0,O_1>0,I_1>0$			$P_1<0,O_1<0,I_1>0$		
	Det $\boldsymbol{J}$	Tr $\boldsymbol{J}$	局部稳定性	Det $\boldsymbol{J}$	Tr $\boldsymbol{J}$	局部稳定性
$A(0,0)$	>0	>0	不稳定点	<0	—	鞍点
$B(1,0)$	<0	—	鞍点	>0	>0	不稳定点
$C(0,1)$	>0	<0	ESS	>0	<0	ESS
$D(1,1)$	<0	—	鞍点	<0	—	鞍点

由表 6-3 可知:以上两种情况均可达到中央政府不监管,而地方政府执行的最优解;其中,P_1 正负值不受限,$O_1>0,I_1>0$,可得解集:
$$\begin{cases} L_1-L_2+U_4+U_2-C_2>0 \\ F+L_1-L_2+T+U_2-C_2>0 \end{cases}$$

由上式可以看出:L_1-L_2、U_4+U_2、F、T 提升,可向均衡点趋近。具体来讲:

(1)提高 L_1-L_2:提升生态补偿后的效益,并将社会效益、生态效益等潜在效益让利益主体明晰,在不监管的情况下,自主作出执行生态补偿政策法规行为。

(2)提高 U_4+U_2、F、T:加大补贴力度,提高惩处力度,减少生态补偿的成本。将解集制成博弈行为相位图,如图 6-2 所示,可见当上述情景产生,策略选择将向 $C(0,1)$ 点收敛,逐渐演化达到最优点。

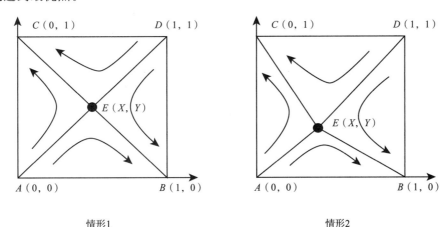

情形1　　　　　　　　情形2
图 6-2　中央政府与地方政府博弈行为相位图

6.2.2　地方政府与微观主体

地方政府与微观主体间的博弈,这里的微观主体主要指相关进行有损生态环境的生产生活方式的企业与个人,其可通过改变生产生活方式从而改善生态环境,但生产生活方式的转变会产生一定成本。此时,微观主体的策略集为(转变,不转变)。地方政府则希望微观主体能够改变,来改善生态环境,对他们进行监督管理。地方政府的策略集为(监督,不监督)。作出如下假设。

假设 1:地方政府与微观主体作为经济的理性人,双方具有较强的约束力可达到均衡,不需要第三方的介入。设地方政府采取监督措施的概率为 χ,不监督的概率为 $1-\chi$。微观主体治理的概率为 δ,不治理的概率为 $1-\delta$。

假设 2:当地方政府的监督成本为 C_3;中央政府进行监督与不监督的收益分别为 R_3 和 R_4。

假设 3:微观主体的转变生产生活方式产生的成本是 C_4,获得个人效用 X_1,如不转变,成本将由地方政府承担,但微观主体将会收到地方政府的罚金 H_1,微观主体转变与不转变生产生活方式的收益分别为 D_3 和 $D_4(D_3 > D_4)$,年税收记为 T_1,构建支付矩阵。

表 6-4　地方政府与微观主体的支付矩阵

博弈主体及策略选择		地方政府	
		监管 χ	不监管 $1-\chi$
微观主体	转变 δ	$D_1+X_1-C_2-T_1, R_1-X_1-C_1+T_1$	$D_1+X_1-C_2, R_2-X_1$
	不转变 $1-\delta$	$D_2-H_1-T_1, R_1+H_1-C_1-C_2+T_1$	D_2, R_2-C_2

地方政府与微观主体的期望效用函数效用分别为:

$$\overline{E}_3 = \chi E_3^p + (1-\chi)E_3^n$$
$$\overline{E}_4 = \delta E_4^p + (1-\delta)E_4^n$$

此时地方政府实行监管措施的复制动态方程以及一阶导数为:

$$F(\chi) = \frac{d\chi}{dt} = E_3^p - \overline{E}_3 = \chi(1-\chi)(R_1-R_2+H_1-C_1+T_1-\delta H)$$

微观主体进行转变的复制动态方程以及一阶导数为:

$$F(\delta) = \frac{d\delta}{dt} = E_4^p - \overline{E}_4 = \delta(1-\delta)(D_1-D_2+X_1-C_2+\chi H)$$

演化博弈模型分析,根据以上分析,为简化表达,设 $P_2=R_1-R_2+H_1-C_1+T_1$,$O_2=H_1$,$K_2=R_1-R_2-C_1+T_1$,$I_2=D_1-D_2+X_1-C_2+H_1$。构建雅可比矩阵对均衡点进行稳定性分析,如表 6-5 所示。

表 6-5　雅可比矩阵行列式与迹

均衡点	Det J	Tr J
$F(0,0)$	$P_2 * I_2$	$P_2 * I_2$
$G(1,0)$	$-P_2 * K_2$	$K_2 - P_2$
$H(0,1)$	$-O_2 * P_2$	$O_2 - P_2$
$I(1,1)$	$O_2 * K_2$	$-O_2 - K_2$
$J(X,Y)$	$(O_2 * K_2 * P_2 * I_2)/H_2$	0

在地方政府与微观企业的博弈中,最优解为(监管,转变),即地方政府对微观主体进行监管,微观主体改变生产生活方式,向高效节水转变,得到政府的奖励补偿。根据以上分析,对 R_2、O_2、I_2、K_2 四个参数进行讨论,判断 Det $\boldsymbol{J}$、Tr $\boldsymbol{J}$ 的符号,有两种情况符合其演化博弈的最优策略,具体见表 6-6。

表 6-6　局部均衡点的稳定性分析

均衡点	$P_2>0,O_2>0,I_2>0,K_2>0$			$P_2>0,O_2>0,I_2<0,K_2>0$		
	Det $\boldsymbol{J}$	Tr $\boldsymbol{J}$	局部稳定性	Det $\boldsymbol{J}$	Tr $\boldsymbol{J}$	局部稳定性
F(0,0)	>0	>0	不稳定点	<0	—	鞍点
G(1,0)	<0	—	鞍点	<0	—	鞍点
H(0,1)	<0	—	鞍点	>0	>0	不稳定点
I(1,1)	>0	<0	ESS	>0	<0	ESS

通过表 6-6 可以看出,O_2 的正负并不会对均衡造成影响,当 $R_2>0,O_2>0,K_2>0$ 时,增加 R_1-R_2、H、T、D_1-D_2、X_1 的值,减少 C_1、C_2 的值,博弈模型将更容易达到均衡点 I,即(监督,转变)。表明对地方政府而言要降低监督成本并增加监督后的利益,如罚金、税收等。对微观主体来讲要降低生态治理成本,提高进行生态治理后的利益,积极参与到生态保护之中,有利于达到均衡策略的最优条件。

6.2.3　地方与兵团

生产建设兵团与地方在地理区位上呈现嵌入式分布,水资源生态补偿问题也是兵地融合发展进程中亟待解决的问题,二者既有合作又有矛盾。双方都有两种策略选择,即是否生态保护和是否给予生态补偿。具体而言,若兵团采取生态保护措施,其周边地方区域同样受益,此时,地方应当支付适当补偿,承担部分兵团因采取生态保护措施的成本,或是放弃发展的机会成本,若地方采取生态保护也同样如此。此时,讨论其中一个主体是否生态保护,另一个是否给予补偿,来探究双方的博弈情况(李昌峰 等,2014)。经过以上分析,作出以下假设:

(1)假设兵团为采取生态保护措施的一方,地方为决定是否补偿的一方。此时,兵团可能采取(保护,不保护)策略,地方可能采取(补偿,不补偿)策略;

(2)兵团与地方的初始收益为 P_1,P_2;

(3)兵团因保护环境的成本为 OC;

(4)因兵团环境保护,地方进行生态补偿为 EC,地方获得的生态收益为 EI。

兵团、地方的收益矩阵如表 6-7 所示。

表 6-7　兵团、地方的收益矩阵

地方	兵团	
	保护	不保护
补偿	$(P_1-OC+EC,P_2+EI-EC)$	(P_1+EC,P_2-EC)
不补偿	(P_1-OC,P_2+EI)	(P_1,P_2)

假设兵团为可能采取生态保护措施的一方,采取措施概率为 ε,不采取的概率为 $1-\varepsilon$;地方为可能进行补偿的一方,采取措施概率 ϕ,不补偿概率为 $1-\phi$。兵团选择流域保护策略的期望收益为 U_5,选择不保护策略的期望收益为 U_6,兵团平均期望收益为 $\overline{U}_1$;地方选择补偿的期望收益为 U_7,选择不补偿策略的期望收益为 U_8,地方平均期望收益为 $\overline{U}_2$。则

$$U_5 = \varepsilon(P_1 - OC + EC) + (1-\varepsilon)(P_1 - OC) \tag{6-1}$$

$$U_6 = \varepsilon(P_1 + EC) + (1-\varepsilon)P_1 \tag{6-2}$$

$$\overline{U}_1 = \varepsilon U_5 + (1-\varepsilon)U_6 \tag{6-3}$$

$$U_7 = \phi(P_2 + EI - EC) + (1-\phi)(P_2 - EC) \tag{6-4}$$

$$U_8 = \phi(P_2 + EI) + (1-\phi)P_2 \tag{6-5}$$

$$\overline{U}_2 = \phi U_7 + (1-\phi)U_8 \tag{6-6}$$

由式(6-1)~(6-3)可得到兵团采取流域保护策略的复制动态方程为

$$F(\varepsilon) = \frac{d\varepsilon}{dt} = \varepsilon(U_7 - \overline{U}_1) = -OC\varepsilon(1-\varepsilon) \tag{6-7}$$

由式(6-4)~(6-6)可得到地方采取流域补偿策略的复制动态方程为

$$F(\phi) = \frac{d\phi}{dt} = \phi(U_7 - \overline{U}_2) = -EC\phi(1-\phi) \tag{6-8}$$

对兵团与地方博弈的复制动态系统进行均衡点的稳定分析,其雅可比矩阵为

$$\boldsymbol{J} = \begin{bmatrix} \dfrac{\partial F(\varepsilon)}{\partial \varepsilon} & \dfrac{\partial F(\varepsilon)}{\partial \phi} \\ \dfrac{\partial F(\phi)}{\partial \varepsilon} & \dfrac{\partial F(\phi)}{\partial \phi} \end{bmatrix} \tag{6-9}$$

假设(保护,补偿)成稳定的均衡,则 $(\varepsilon,\phi)=(1,1)$ 需满足行列式为

$$\det \boldsymbol{J} = \frac{\partial F(\varepsilon)}{\partial \varepsilon} \cdot \frac{\partial F(\phi)}{\partial \phi} - \frac{\partial F(\varepsilon)}{\partial \phi} \cdot \frac{\partial F(\phi)}{\partial \varepsilon} = OC - EC > 0 \tag{6-10}$$

迹为

$$\text{tr}\,\boldsymbol{J} = \frac{\partial F(\varepsilon)}{\partial \varepsilon} + \frac{\partial F(\phi)}{\partial \phi} = OC + EC < 0 \tag{6-11}$$

$OC>0$、$EC>0$,因此,上式不成立,说明仅靠二者的策略选择并不能达到稳定均衡,即(保护,补偿)最优策略。所以,这时需要引入第三方(上级政府),对兵团与地方进行监督。具体而言:若双方的行为选择为(保护,补偿),即其中一方选择对流域生态进行保护策略,而另一方却不给予保护者补偿,上级政府则对不补偿一方进行处罚,罚金为 M;若双方的行为选择为(不保护,补偿),其中受益方对另一方进行生态补偿,而应当采取流域生态保护的一方,却未对流域进行生态保护,则上级政府对其同样进行处罚,金额仍为 M。在此情景下引入上级政府监管,构建新的塔里木河流域生态补偿演化博弈模型(表6-8)。

表 6-8　监管机制下兵团、地方的收益矩阵

地方	兵团	
	保护	不保护
补偿	$(P_1-\mathrm{OC}+\mathrm{EC},P_2+\mathrm{EI}-\mathrm{EC})$	$(P_1+\mathrm{EC}-M,P_2-\mathrm{EC})$
不补偿	$(P_1-\mathrm{OC},P_2+\mathrm{EI}-M)$	(P_1,P_2)

此时,兵团与地方博弈的复制动态方程为

$$F'(\varepsilon)=\frac{\mathrm{d}\varepsilon}{\mathrm{d}t}=\varepsilon(U'_5-\overline{U}'_1)=\varepsilon(1-\varepsilon)(\phi M-\mathrm{OC}) \tag{6-12}$$

$$F'(\phi)=\frac{\mathrm{d}\phi}{\mathrm{d}t}=\phi(U'_8-\overline{U}'_2)=\phi(1-\phi)(\varepsilon M-\mathrm{EC}) \tag{6-13}$$

其雅克比矩阵为

$$\boldsymbol{J}=\begin{bmatrix}(1-2\varepsilon)(\phi M-\mathrm{OC}) & M\alpha(1-\alpha)\\ M\phi(1-\phi) & (1-2\phi)(\alpha M-\mathrm{EC})\end{bmatrix} \tag{6-14}$$

在上级政府监督下,达到稳定均衡点(保护,补偿),则需满足:

$$\mathrm{Det}\,\boldsymbol{J}(1,1)=(M-\mathrm{OC})(M-\mathrm{EC})>0 \tag{6-15}$$

$$\mathrm{Tr}\,\boldsymbol{J}(1,1)=-[(M-\mathrm{OC})+(M-\mathrm{EC})]<0 \tag{6-16}$$

将式(6-15)(6-16)联立方程组,求解可得:

$$M>\mathrm{OC}\cap M>\mathrm{EC}$$

若使得三方博弈达到稳定点,上级政府要加大惩处力度。罚金不得低于生态保护成本和生态补偿金额。

6.2.4　源流区与干流区

塔里木河流域"四源一干"范围为开都-孔雀河(含博斯腾湖)、阿克苏河、叶尔羌河、和田河、塔里木河干流(含台特玛湖)。源流区与干流区可视为传统意义上的流域上下游的区分,在塔里木河流域"四源"被视为上游区域,指在流域生态环境保护工作中为流域生态保护做了许多努力的群体,是被补偿者。他们往往牺牲自身的利益以达到维持流域水资源可持续发展的目的,主要包括上游流域的居民、企业等群体,总的来说包括建设流域生态环境的人以及生态破坏减少者。"一干"可视为下游区域,是指流域生态环境保护中的受益者,包括生活、生产、生态用水利益主体。在该区域,干流区的利益者总是希望付出较少的生态补偿费用,得到较大的生态效益。

本节为了方便分析,作出以下假设。

假设1:流域一般划分为上游、中游以及下游,本节为了更好地说明博弈情况,将塔里木河流域界限分明的"四源一干"作为划分依据,划分为源流区域与干流区域,也可理解为上下游区域。

假设2:在这个流域中,存在着与流域相关的保护者、破坏者、受益者与受害者,通常情况下保护者与破坏者代表着源流的有关利益主体,受害者与受益者是干流有关的利益主体。双方的目标均是各自利益的最大化。

假设3：源流区与干流区的相关利益主体都是完全理性的经济人，均朝着自身利益最大化的方向努力，达到各自的纳什均衡。因而对于源流利益者而言，迫于生存的压力，往往会选择牺牲生态环境进行短期利益的获取，存在着两种策略的选择：保护与不保护；对于干流利益者而言，同样存在着两种策略的选择：补偿与不补偿。最终双方博弈策略有四种：源流利益者保护、干流利益者补偿，源流利益者保护、干流利益者不补偿，源流利益者不保护、干流利益者补偿，源流利益者不保护、干流利益者不补偿。

假设4：在博弈之前，各方利益主体在政府主导下进行了协商谈判，就补偿标准、方式、途径等问题均已达到满意的共识。

根据以上的基本假设，就源流与干流区不同策略下所形成的不同收益，建立以下变量：在该流域中，当源流区选择保护策略时，L_3 为源流区所获得的收益，L_4 为干流区所获得的收益，C_3 为源流区因流域保护而形成的成本以及因流域保护而丧失的机会成本；当源流区选择不保护策略时，U_9 为源流区所获得的收益，U_{10} 为干流区所获得的收益，当干流区选择补偿策略时，补偿额度为 C_4（周春芳 等，2018）。基于此构建流域源流区与干流区的博弈模型。

（1）源流区采取（保护，不保护）策略，干流区采取（补偿，不补偿）策略；

（2）源流区和干流区的初始收益为 P_3，P_4；

（3）源流区因保护环境所增加的成本为 OC；

（4）干流区生态补偿的额度为 EC，获得的生态收益为 EI。

源流区与干流区的收益矩阵如表6-9所示。

表 6-9　源流区与干流区的收益矩阵

干流区	源流区	
	保护	不保护
补偿	$(P_3-OC+EC, P_4+EI-EC)$	(P_3+EC, P_4-EC)
不补偿	(P_3-OC, P_4+EI)	(P_3, P_4)

模型建立推导与上文中"兵团与地方"大致相同，此处不再重复。源流区施行保护生态措施，干流区进行补偿，同样需要上级政府的参与，对订立契约双方不履行相应责任的利益主体予以惩罚，罚金高于补偿行为的成本和补偿金额。

6.3　本章小结

综上，通过对塔里木河流域水资源生态补偿核心利益相关者进行识别，将各利益主体的关系主要划分为利益双方可自行达成均衡的"纵向"关系与需要引入第三方、约束双方行为才能达到均衡的"横向"关系。其中，中央政府与地方政府、地方政府与微观主体属于"纵向"关系；兵团与地方、源流与干流属于"横向"关系。

（1）中央政府与地方政府的博弈中，均衡点为（不监督，执行），代表中央意志的塔里木河流域管理部门不采取监督的行为,而地方政府执行生态补偿的相关政策法规,在此情境下,以提高财政补贴、降低生态补偿的支付成本的手段,更易于达到各自均衡。

(2)在地方政府与微观主体的博弈中,均衡点为(监管,转变),地方主体施行监管行为,对积极投入生态补偿和保护环境的主体予以奖励,对不转变生产生活方式、破坏生态环境的主体实施处罚。双方博弈演化过程中以监管罚金、环境税收等方式,激励其转变生产生活方式,减少转变所支付的成本,提高生产生活方式转变所产生的效益,更利于得到最优解。

(3)在兵团与地方的博弈中,需要上级政府参与,对双方加以约束,均衡点为(保护,补偿)。通过演化博弈模型的推导,可知上级政府对违背契约的惩罚额度要高于生态保护成本和生态补偿的额度,才能保证博弈向均衡点演化。兵团与地方区位融合发展,除一方保护一方补偿以外,还可能合作开展生态保护工作,以及作为一个整体参与到与其他地区的博弈之中。

(4)在源流与干流的博弈中,其推导过程和"兵团与地方"博弈模型相似,均衡点也是(保护,补偿),源流区施行保护生态措施,干流区进行补偿。同样需要上级政府的参与,对订立契约的双方不履行相应责任的利益主体予以惩罚,罚金高于补偿行为的成本和补偿金额。与"兵团与地方"不同的是,通常情况下,源流区作为保护区,干流区为受益的补偿区。

第7章 塔里木河流域水资源生态补偿价值测算

因塔里木河流域地势复杂,河流支系繁杂,根据研究需要及数据可得性及之前学者对于塔里木河流域的划分依据,将研究区定为"四源一干"。依据上章生态补偿核心利益相关者识别及博弈分析,本章研究内容分别为:①通过生态经济价值盈亏状态分别判定国家-区域尺度生态补偿关系,并以此作为塔里木河流域生态补偿上限;②基于种植业机会成本法确定塔里木河流域生态补偿下限。

生态价值盈亏状态可反映该流域(地区)是否有生态服务价值外溢现象,以此作为流域(地区)生态补偿依据及标准,其中流域层面生态补偿属国家尺度,地区生态补偿属区域尺度。

由于塔里木河流域以水资源耗用层面来看,农业用水占比最大,因此适合使用种植业机会成本法来构建产业尺度生态补偿关系。

7.1 研究方法

(1)本章以经济学相关理论与千年生态系统评估(MA)分类方法,依据文献资料与数据整理分析塔里木河流域水资源生态服务系统价值的构成,结合谢高地(2015)、刘春腊(2014)省域生态补偿额度测算思路与许凤冉(2010)区域水资源污染物排放量计算公式,综合构建塔里木河流域层面生态补偿的理论框架、指标体系及价值评估方法,进而建立全国尺度的生态补偿关系,并核算出塔里木河流域水资源生态补偿上限。

其中通过计算塔里木河流域的污染物排放量,将之折算成相应的污染治理成本、生态资源价值量以及地区用于污染物治理的经济投入,即可计算出塔里木河流域的生态经济价值的盈亏状态。

(2)以水资源生态足迹作为理论基础,分析塔里木河流域各地区水资源生态足迹、水资源生态承载力以及水资源空间格局(岳晨 等,2021)。通过计算塔里木河流域使用状况和承载力的衡量指标:水资源生态足迹、水资源生态承载力,以两者差值,来分析当地水量使用开发情况,推算农业用地是否仍有开发潜力或存在过度开采,程度为多少。以此数据作为核算种植业机会成本的基础,使用塔里木河流域农作物种植面积最多的棉花价格作为成本核算依据,得出塔里木河流域水资源生态补偿下限。

7.1.1 塔里木河流域生态服务系统价值评价指标与方法

在全价值链视角下将生态服务系统分为供给、调节、文化、支持四类功能,通过 MA 项目的分类方法并结合塔里木河河道开发利用的实际情况与其生态系统结构特征,对塔里木河流域的生态服务系统功能分类,在 4 类功能中划分 11 个亚类作为评估指标,采用实物评估方法与货币价值法对其进行量化评估,即将流域生态服务功能量化为货币,其评价指标与方法如表 7-1 所示。

表 7-1　塔里木河流域生态服务系统价值评价指标与方法

功能价值	评价指标	评价方法	计算公式
供给	供水	市场价值法	各行业供水量×用水价格
	水产品	市场价值法	渔业总产值(新疆统计年鉴获得)
	水力发电	市场价值法	水力发电总量×水力发电电价
调节	水资源存储调蓄	影子工程法	流域潜在贮水量×单位存蓄的库容成本
	水质净化	替代成本法	河流纳污能力×处理污染物所需成本
	输沙能力	替代成本法	河流年均输沙量×河道清理成本费用
文化	旅游娱乐	市场价值法	旅游总收入(各地州统计年鉴获得)
	科研教学	成果参照法	流域总面积×单位面积生态系统的文化科研价值
	美学	成果参照法	河流长度×单位长度河流的美学价值
支持	生物多样性	成果参照法	第 i 种土地面积×第 i 种单位面积生物多样性价值
	提供生物栖息地	成果参照法	提供生物栖息地的平均价值量×流域面积

1.供给功能价值评估

1)供水价值

塔里木河供给价值的评价方法为市场价值法,即使用各行业供水量与塔里木河流域现行用水价格为考核指标,衡量塔里木河流域供水价值。计算公式为:

$$V_1 = \sum (Q_{1i} \times P_{1i})$$

式中,V_1 为塔里木河供水价值(元);Q_{1i} 为塔里木河流域内 i 种用途的供水量(m^3);P_{1i} 为塔里木河"四源一干"i 种用途水的价格(元·m^{-3})。

塔里木河"四源一干"平水年用水量如表 7-2 所示。

表 7-2　塔里木河"四源一干"平水年用水量

单位:10^8 m^3

河流	可用水资源	用水量			农业用水量
		生活	工业	牲畜	
和田河	50.66	0.899	0.315	0.218	22.89
叶尔羌河	73.24	1.748	0.727	0.407	43.19
阿克苏河	95.899	1.067	1.793	0.233	45.5
开都-孔雀河	42.93	1.335	3.983	0.166	12.94
干流	47.34	0.097	0.031	0.035	9.78

资料来源:张沛 等,2017.塔里木河"九源一干"可承载最大灌溉面积探讨。

根据《自治区发展改革委关于塔里木河流域管理局供水价格有关事宜的通知》(以下简称:《通知》),可获得和田河灌溉区、叶尔羌河灌溉区、阿克苏河灌溉区、开都-孔雀河灌溉区、干流灌溉区农业综合用水价格;生活需水水价、工业需水水价、牲畜需水水价。

2)水产品价值

塔里木河流域水产品价值的评价方法为市场价值法,根据《通知》水产品,需水价格为 4 元/亩,养殖面积根据《新疆统计年鉴》与《新疆生产建设兵团统计年鉴》获得。

$$V_2 = Q_2 \times P_2$$

式中,V_2 为塔里木河流域水产品价值(元);Q_2 为塔里木河流域水产品养殖面积(亩);P_2 为水产品需水价格(元/亩)。

3)水力发电价值

塔里木河水力发电价值的评价方法为市场价值法。计算公式为:

$$V_3 = Q_3 \times P_3$$

式中,V_3 为塔里木河流域水力发电价值(元);Q_3 为塔里木河流域水力发电总量($kW \cdot h$);P_3 为塔里木河水力发电电价($元 \cdot kW^{-1} \cdot h^{-1}$)。塔里木河流域多年平均向电力系统提供电能为 $4.510\ 8 \times 10^8 kW \cdot h$(缪康,2015),依据国家所规定的上网电价 0.21 元/($kW \cdot h$)。

2.调节功能价值评估

1)水资源存储调蓄价值

塔里木河流域不仅拥有供水、水产品捕捞与水力发电功能,也有存储调蓄的功能,对旱涝灾害进行调节,塔里木河流域水资源存储调蓄价值的评价方法为影子工程法。计算公式为:

$$V_4 = Q_4 \times P_4$$

式中,V_4 为塔里木河流域贮水价值(元);Q_4 为塔里木河流域水资源总量(m^3);P_4 为单位蓄水量的库容成本($元 \cdot m^{-3}$)。2020 年塔里木河流域水资源总量为 $326.45 \times 10^8 m^3$,单位存储调蓄价值以投资建设单位库容成本 6.1 元为标准(王兵 等,2008)。

2)水质净化价值

水质净化功能利用成本替代法,从流域的盐碱化防治,一定程度上定量评估塔里木河生态系统净化水体的价值,计算公式如下:

$$V_5 = \sum (Q_5 \times P_5)$$

式中,V_5 为塔里木河流域净化价值(元);Q_5 为塔里木河流域的纳污能力(t);P_5 为处理污染物所需要成本($元 \cdot t^{-1}$)。盐碱化是塔里木河流域的主要污染,其主要污染物为硫酸盐、氯化物等,干流含盐度较高,已不适宜灌溉用水(董楠,2018)。徐海量等(2001)对塔里木河纳污能力测算结果为 76.98 万 t,受水质与水量限制,采用蒸发除盐法处理,参考中国水网蒸发除盐法的成本约 30 元 $\cdot t^{-1}$ 处理计算。

3)输沙能力价值

塔里木河输沙能力采用替代成本法,计算公式如下:

$$V_6 = Q_6 \times P_6$$

式中,V_6 为塔里木河流域输沙能力的价值(元);Q_6 为塔里木河流域输沙量(t);P_6 为河道清理的成本费用($元 \cdot t^{-1}$)。塔里木河流域地处西北,取北方河道清理的成本费用 1.5 元 $\cdot t^{-1}$

为依据(朱晓博,2015)。2019 年塔里木河流域输沙量为 14 695 万 t(新疆塔里木河流域管理局,2020)。

3.文化功能价值评估

1)旅游娱乐价值

利用市场价值法计算塔里木河流域旅游娱乐价值,其数据资料可从统计年鉴直接获得。需要指出的是,由于南北疆旅游景区的价格与地理位置差异性,其数据结果并未考虑地区间价格差异,且伴随着塔里木河流域景区的发展进步与人们对旅游需求的增加,流域的旅游娱乐价值也将不断提高。

2)科研教学价值

单位面积生态系统的文化科研价值利用成果参照法,计算公式如下:

$$V_7 = Q_7 \times P_7$$

式中,V_7 为塔里木河流域科研教学价值,Q_7 为塔里木河流域面积,P_7 为单位面积的湿地生态系统科研教学价值。依据国内单位面积湿地生态系统的科研教学价值 38 200 元/km² (蔡守华,2008),塔里木河"四源一干"流域面积为 25.03 万 km²。

3)美学价值

目前对于湿地河流美学价值的评估方法主要为支付意愿法与成果参照法两种,前者基于问卷调查,主观性较强,而后者则为基于专家咨询的改进,虽然忽略了不同河流之间的差异,但仍保留了河流的总体美学特征。本书则以成果参照法对塔里木河流域的美学价值 V_8 评估,公式如下:

$$V_8 = \sum (Q_{8i} \times P_{8i})$$

式中,V_8 为塔里木河流域美学价值,Q_{8i} 为塔里木河流域内第 i 种土地利用类型面积,P_{8i} 为参考学者研究著作中单位长度河流的美学价值。以谢高地(2015)的研究成果为参考,塔里木河流域土地利用类型面积及其生态服务价值如表 7-3 所示,塔里木河流域面积为 25.03 万 km²。

表 7-3 塔里木河流域土地利用类型面积及其生态服务价值

	占比/%	提供美学景观/(元 · hm⁻²)	维持生物多样性/(元 · hm⁻²)
林地	1.25	934.13	2 025.44
草地	24.14	390.72	839.82
水体	3.44	1 994.00	1 540.41
建设用地	0.22	——	——
荒漠	67.26	107.78	179.64
耕地	3.69	76.35	458.08

资料来源:基于 GIS 与 RS 下的 1990—2015 年塔里木河流域 LUCC 及景观格局时空分析。

4.支持功能价值评估

1)生物多样性价值

本书以成果参照法测算塔里木河流域生物多样性价值,公式如下:

$$V_{9i} = \sum (Q_{9i} \times P_{9i})$$

式中，V_{9i} 为塔里木河流域的生物多样性价值；Q_{9i} 为塔里木河流域内各类土地利用类型面积；P_{9i} 为所参照研究中第 i 种单位面积生物多样性价值。

2）提供生物栖息地价值

本书采用成果参照法测算塔里木河流域提供生物栖息地的价值，公式如下：

$$V_{10} = Q_{10} \times P_{10}$$

式中，V_{10} 为塔里木河流域提供生物栖息地价值；Q_{10} 为塔里木河流域面积；P_{10} 为生物栖息地的单位价值量。本书参照 Costanza 等（1997）的研究成果，湖泊、河流等所提供的生物栖息地的生态系统服务价值为 311 330.02 元/km²。

7.1.2 塔里木河流域生态经济价值盈亏状态

通过计算塔里木河流域生态资源价值量、污染物排放治理成本及污染物排放治理的投入资金，即可得到塔里木河流域生态经济价值的盈亏状态。若塔里木河流域生态资源价值量减去其污染物排放量（折算成相应的污染治理成本），再加上该地区用于污染物治理的经济投入，结果为正时，即（基于生态价值当量的地区生态资源价值－污染物排放＋污染物治理的投入）＞0，那么塔里木河流域处于生态经济价值的盈余状态，为全国生态建设作出了贡献（图 7-1 中的区域 1）。相反，若塔里木河流域的生态资源价值量减去其污染物排放量（折算成相应的污染治理成本），再加上该地区用于污染物治理的经济投入，结果为负时，即（基于生态价值当量的地区生态资源价值－污染物排放＋污染物治理的投入）＜0，则塔里木河流域处于生态经济价值的亏损状态，该地区的发展占用了全国其他地区的生态资源（图 7-1 中的区域 2）。

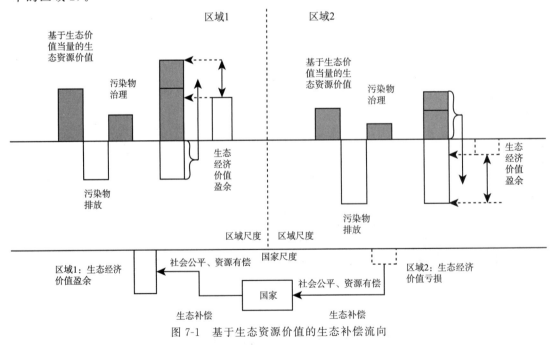

图 7-1　基于生态资源价值的生态补偿流向

7.1.3　种植业机会成本

目前已有学者对流域生态补偿机制做出研究和探索:乔旭宁等(2012)采用 CVM 在构建补偿标准流程的基础上,以渭干河流域为例,计算了流域上下游生态损益、居民支付意愿和综合成本,分别作为补偿的最高、最低和参考标准;杜梅等(2009)提倡运用"退耕还水"措施对生态环境进行保护,确定了退出耕地的机会成本和对生态永续补偿所产生的生态价值;段靖(2005)基于机会成本法计算出生态补偿的最低标准;汪少文、胡震云(2013)基于利益相关者理论,分析政府、农户在内的多个涉及主体之间的利益影响因素,从补偿主客体、补偿标准、补偿方式等角度进行农业节水补偿机制的构建,主要是以公共经济学中的部分理论为基础进行研究,将补偿主体局限在政府部门;李长健等(2017)利用 CVM 法对长江流域不同地区居民对生态补偿方式的影响因素分析,从而确定针对不同地区居民制定不同的生态补偿方式。

以上学者大都以南方地区流域为例,忽略经济发展缓慢的西北地区流域,又因为"退耕还水"政策在流域实施后,将耕地灌溉所使用的水资源退回流域后所产生的生态价值无法测算,导致补偿标准难以测算,并且我国研究"退耕还水""退耕还林"政策的特别少,应用到塔里木河流域的政策更是少之又少,为有效解决这种问题,本章以塔里木河流域"退耕还水"生态补偿机制为主要研究内容,利用机会成本法对第 4 章核算出的塔里木河流域超额耕地面积与棉花亩产净利润进行计算,得出各小流域内的亩均补偿标准,同时也是塔里木河流域水资源生态补偿标准的下限。

7.2　数据来源及处理

为计算塔里木河流域面源与内源污染物排放量、塔里木河流域生态服务价值以及污染物治理投入三方数据,需要获取塔里木河流域各地州农村生活人数、畜禽养殖种类和数量、耕地化肥施用量、城镇面积和年降水量,各类系数参考已有文献进行数据替换;以上数据来源于《新疆统计年鉴》《新疆生产建设兵团统计年鉴》《塔里木河流域水资源公报》《巴音郭楞统计年鉴》《阿克苏统计年鉴》《克孜勒苏统计年鉴》《喀什地区统计年鉴》《和田统计年鉴》。

7.2.1　塔里木河流域污染物排放量

根据第 3 章污染排放计算公式及统计年鉴可获得数据得出塔里木河流域 2010 年至 2020 年"四源一干"污染物排放量(表 7-4)。

表 7-4　塔里木河流域污染物排放一览表

单位:10^4 t/a

	阿克苏河	叶尔羌河	和田河	开都-孔雀河	塔里木河干流
2010	3 664	655	2 638	2 451	5 990
2011	4 191	391	1 885	2 964	7 240
2012	5 228	514	2 617	3 811	9 234

	阿克苏河	叶尔羌河	和田河	开都-孔雀河	塔里木河干流
2013	5 363	455	2 525	2 764	7 603
2014	4 814	362	2 464	2 776	7 333
2015	3 801	386	2 637	3 157	7 330
2016	3 992	577	2 732	1 814	5 163
2017	4 195	461	2 682	1 712	4 951
2018	4 560	500	2 514	1 685	5 247
2019	4 022	396	2 466	1 593	4 812
2020	4 393	470	2 516	2 473	6 492

注:本表数据来源于统计年鉴整理和计算,其中塔里木河干流包括上游阿克苏地区、下游巴州地区,数据按照所占干流长度比例计算,下同。

由表7-4可知,过去11年中塔里木河流域污染物排放量最高为干流区,平均污染物排放量为 6 490×10⁴ t/a;其次是阿克苏河,平均污染物排放量为 4 383×10⁴ t/a。由于地理位置分布,塔里木河干流中污染物的排放主要由阿克苏地区与巴州造成。表7-4按照两区在干流河段占比来进行相应计算(已知干流全长 1 321 km,将阿拉尔至英巴扎划分为阿克苏地区,长度为 495 km,占干流总长约为37.5%,余下干流划分为巴州地区,占干流比重62.5%)。

将表7-4污染物排放量折算成相应的污染治理成本,由中华人民共和国国家发展和改革委员会《我国污水处理行业成本分析及对策建议》得西北地区污水处理服务费为0.89元/t。见表7-5。

表7-5 塔里木河流域污染治理成本一览表

单位:亿元

	阿克苏河	叶尔羌河	和田河	开都-孔雀河	塔里木河干流
2010	0.33	0.06	0.23	0.22	0.53
2011	0.37	0.03	0.17	0.26	0.64
2012	0.47	0.05	0.23	0.34	0.82
2013	0.48	0.04	0.22	0.25	0.68
2014	0.43	0.03	0.22	0.25	0.65
2015	0.34	0.03	0.23	0.28	0.65
2016	0.36	0.05	0.24	0.16	0.46
2017	0.37	0.04	0.24	0.15	0.44
2018	0.41	0.04	0.22	0.15	0.47
2019	0.36	0.04	0.22	0.14	0.43
2020	0.39	0.04	0.22	0.22	0.58

7.2.2　塔里木河流域生态服务价值

（1）基于全价值链视角，塔里木河流域水资源生态服务系统计算结果如表 7-6 所示。

表 7-6　塔里木河流域生态服务系统价值测算结果

单位：10^8 元

	阿克苏河	叶尔羌河	和田河	开都-孔雀河	塔里木河干流
2010	464.63	1 050.68	446.83	297.95	498.35
2011	468.80	1 001.33	429.79	294.40	495.24
2012	473.82	1 032.04	441.41	303.27	501.89
2013	535.46	1 198.13	455.74	354.33	606.20
2014	513.68	1 089.53	450.42	354.66	580.68
2015	504.04	1 109.71	458.67	355.54	567.40
2016	510.94	1 551.68	478.27	355.87	569.36
2017	513.14	1 103.23	471.75	345.20	555.49
2018	521.84	1 088.71	470.45	382.88	567.55
2019	591.52	1 191.75	502.41	420.05	626.80
2020	539.04	1 197.21	497.22	378.71	572.18

注：以上数据来自统计年鉴整理和计算。

由表 7-6 塔里木河流域"四源一干"生态系统服务价值结果，得出塔里木河流域"四源一干"生态盈亏状态见图 7-2。其中需要说明的是，"四源一干"的生态系统服务价值减去污染物排放量折算的成本再加上环境治理投入的生态资源价值净值均为正。因此我们可以认为，所计算出的塔里木河流域"四源一干"生态盈亏状态可用后一年比前一年的变化量来显示。图中△1 代表 2011 年对比 2010 年的变化量，△2…，△10 以此类推。

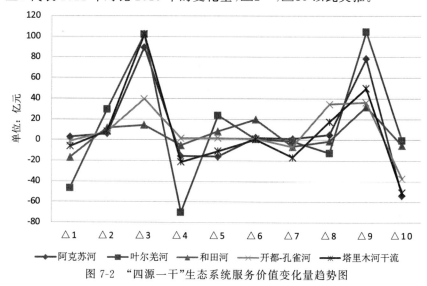

图 7-2　"四源一干"生态系统服务价值变化量趋势图

根据图 7-2"四源一干"生态系统服务价值变化量趋势图可以看出,叶尔羌河与和田河处于生态系统服务价值递增状态,其他地区反之。

(2)基于水资源生态赤字面积的生态系统服务价值。根据塔里木河流域生态经济价值盈余,取各小流域 11 年生态盈余均值得出塔里木河流域生态资源净值,除以"四源一干"总面积即单位生态系统服务价值,额度为 218 元/亩。结合第 5 章表 5-7 水资源生态盈余/赤字,得出五个地区生态系统服务赤字价值见表 7-7。

表 7-7 基于水资源生态赤字面积的生态系统服务赤字价值

单位:10⁸ 元

地区	价值
巴州	235.36
阿克苏	567.31
克州	28.94
喀什	591.91
和田	188.85

7.2.3 塔里木河流域种植业机会成本

本节针对塔里木河流域种植业机会成本的计算,基于塔里木河流域水资源生态赤字率得到塔里木河流域及各地州耕地用水生态赤字,即超过水资源承载力开发的耕地面积,我们将其定义为超限开发耕地面积。根据此超限开发耕地面积,我们选取塔里木河流域种植面积最多的棉花进行机会成本的折算,取超额开发耕地面积与棉花亩产净利润的乘积作为塔里木河流域水资源生态补偿的下限值。详见表 7-8。

表 7-8 基于超额开发耕地面积的种植业机会成本

单位:10⁸ 元

地区	价值
巴州	6.77
阿克苏	109.24
克州	0.53
喀什	169.66
和田	5.03

由表 7-7 与表 7-8 我们可以得到巴州地区的水资源生态补偿范围在 $6.77\times10^8\sim235.36\times10^8$ 元、阿克苏地区的水资源生态补偿范围在 $109.24\times10^8\sim567.31\times10^8$ 元、克州地区的水资源生态补偿范围在 $0.53\times10^8\sim28.94\times10^8$ 元、喀什地区的水资源生态补偿范围在 $169.66\times10^8\sim591.91\times10^8$ 元、和田地区的水资源生态补偿范围在 $5.03\times10^8\sim188.85\times10^8$ 元。

7.3　本章小结

（1）根据塔里木河流域生态服务功能测算方法与评估指标，塔里木河流域提供的生态服务价值由高至低依次为调节功能价值、支持功能价值、文化功能价值、供给功能价值，分别为：$22\,131.62\times10^8$ 元、$9\,187.53\times10^8$ 元、$4\,023.61\times10^8$ 元、89.07×10^8 元；其中叶尔羌河年均提供 $1\,101.60\times10^8$ 元，为"四源一干"中生态系统服务价值最高的区域。调节功能为塔里木河流域的核心功能，占塔里木河流域生态系统服务功能总价值的 62.4%。在各项评估指标中，水资源调蓄、旅游娱乐与生物多样性价值最高，主要是因为塔里木河地处西北干旱区，流域较为广阔，其水资源较为丰富，占新疆水资源总量的 42.80%。

各地区基于水资源生态赤字面积的生态系统服务价值测算补偿标准分别为 235.36×10^8 元、567.31×10^8 元、28.94×10^8 元、591.91×10^8 元、188.85×10^8 元。代表各地区水资源生态补偿金额的上限。

（2）通过种植业机会成本法基于超额开发耕地面积测算应退地的成本标准，得出塔里木河流域各地区种植业退地节水测算补偿标准分别为 6.77×10^8 元、109.24×10^8 元、0.53×10^8 元、169.66×10^8 元、5.03×10^8 元，其相关补偿主体应为二、三产业及地方政府。

（3）基于水资源生态承载力对生态系统服务价值与种植业机会成本的核算更具有科学性与针对性。具体得出五个地州相对应的生态补偿上限与下限，对塔里木河流域水资源生态补偿具有现实意义。

（4）但本章研究方法的计算过程中仍有些数据及科学问题尚未解决，集中表现在生态系统服务价值的结果是否过大，其结果对于生态资源经济价值的盈余判断存在一些误差且生态服务价值的空间异质性有待考虑，无论从宏观还是微观的空间尺度，生态系统本身的多样性和环境条件的多样性决定了生态系统服务的类型和强度的空间差异性。同时，由于区域经济环境的不同，不同地区的价格存在差异，本章未考虑各个地区的经济价格差异，而是取流域平均值。基于种植业机会成本测算的农业节水补偿标准分摊到各个补偿主体的额度尚未明晰，有待于进一步研究。

第8章 塔里木河流域水资源生态补偿方式选择

8.1 调查问卷的设计

此次问卷主要针对塔里木河流与周边耕地农户进行调查,调查内容分为四个部分:①针对受访者的基本情况及特征进行调查,主要包括性别、年龄、职业、文化程度、家庭年收入等;②针对受访者对水资源保护的意识强度进行调查,其中包括对所在地区水资源现状的了解,以及对水资源保护的关注程度,是否愿意支持水资源保护的相关措施等;③针对受访者对流域水资源急剧减少的原因和流域实施"退耕还水"政策的了解程度进行调查,调查问题主要包括导致流域水资源减少的原因,对"退耕还水"政策的了解程度,是否接受"退耕还水"政策的实施,以及受访者对"退耕还水"政策实施后是否对流域生态产生影响的了解程度;④受访者对流域生态补偿机制的了解程度,其中包括是否愿意接受生态补偿,最愿意接受何种生态补偿的方式,不愿接受补偿的原因及是否愿意与补偿方案进行调解协商的情况。(具体情况如表 8-1 所示。)

此次问卷调查采用实地调研和 QQ、微信等网络调查的形式对塔里木河流域周边农户进行调查,最终回收调查问卷 540 份,去掉前后矛盾、信息不完整等样本,最终有效问卷数量为 520 份。受访者基本特征如下:其中受访者中 20.2% 为汉族,79.8% 为维吾尔族、哈萨克族等其他少数民族;居民文化层次普遍偏低,高中及以下学历高达 68.27%;居民年均收入普遍较低,5 万元以下的所占比例较大,所占比重为 68.08%;调查样本中大部分为农户,其次为个体,所占比例分别为 59.8% 和 14.94%。(具体情况如表 8-1 所示。)

8.1.1 农户对塔里木河流域水资源现状的了解程度分析

根据调查情况发现,流域周边农户对于塔里木河流域水资源现状及保护流域生态环境的保护有一定的认知。从数据的总体情况来分析,大多数农户对流域水资源的保护态度是相当积极的。在对流域水资源水量的了解情况中,有 68.18% 的农户认为当前塔里木河流域水资源较为短缺,还有 22.73% 的农户认为水资源非常匮乏;调查中有 45.45% 的农户认为保护水资源对自身非常重要,54.55% 的农户认为保护水资源对自身比较重要。

8.1.2 对流域实施"退耕还水"生态补偿机制的了解程度分析

从统计的数据来分析,其中有大部分农户认为农业灌溉用水的增加是导致流域水资源减少的主要原因;其中仅有 148 人对生态补偿政策有一定了解,有 18.26% 的农户对"退耕还水"政策是有所了解的;可见,生态补偿政策并未被塔里木河流域居民所熟知,原因可能在于新疆地区生态补偿政策起步较晚,生态补偿机制构建尚不完善。

8.1.3　受偿者接受补偿方式情况分析

虽然只有 10.4% 的农户对生态补偿完全不了解,但大多数农户对生态补偿有一定的认知,但是认知程度偏低。如果作为水资源遭到破坏的受害者或者是为保护水资源做出努力的贡献者,有 92.23% 的人是愿意接受相应的补偿的;其中有 36.35% 的农户选择现金补偿,而非现金补偿中愿意接受财政补贴或税费减免和实物补偿的分别占 31.92%、22.50%;同意除此之外补偿方式的农户均占了 4.62%;如若不接受补偿政策也仍然有 95.45% 的农户愿意接受协商调解。

表 8-1　调查对象的基本特征及对生态补偿机制了解程度的基本情况

问题	选项	频数	比例/%
您的年龄	18 岁以下	0	0
	18~35 岁	15	3
	36~45 岁	458	88
	46~55 岁	47	9
您的民族	汉族	105	20.2
	少数民族	415	79.8
您的文化程度	小学及以下	100	19.23
	初中	157	30.19
	高中	98	18.85
	大学本专科	73	14.04
	研究生及以上	92	17.70
您的家庭年均收入是	10 000 元以下	165	31.73
	10 001~50 000 元	189	36.35
	50 001~100 000 元	71	13.65
	100 001~150 000 元	71	13.65
	150 001~200 000 元	24	4.62
	200 000 元以上	0	0
您家的耕地面积	15 亩以下	101	19.42
	16~30 亩	176	33.85
	31~45 亩	142	27.31
	46~60 亩	68	18.03
	61 亩以上	33	6.35

问题	选项	频数	比例/%
您的居住地距离河流的直线距离	10 km 以内	475	91.3
	11～50 km	20	3.8
	51～100 km	25	4.8
	100 km 以上	0	0
您如何评价您的生态保护意识	弱	50	9.62
	一般	286	55.00
	强	184	35.38
您平时关注保护水资源的问题吗？	非常关注	47	9.04
	比较关注	213	40.96
	一般关注	189	36.35
	不太关注	71	13.65
	完全不关注	0	0
您认为塔里木河流域水资源短缺吗？	特别短缺	118	22.70
	比较短缺	355	68.27
	刚好够用	47	9.04
	比较充裕	0	0
	特别充裕	0	0
您认为保护水资源对您来说重要吗？	非常重要	236	45.38
	比较重要	284	54.62
	一般重要	0	0
	不重要	0	0.
	无所谓	0	0
您认为当前水生态状况如何	严重恶化	10	2.12
	有一些恶化	43	8.27
	几乎没变化	241	46.35
	有一些改善	196	37.69
	明显改善	30	5.77
您了解生态补偿政策吗？	很清楚	19	3.7
	大概知道	129	24.8
	听说过，但说不明白	221	42.5
	不太清楚	97	18.7
	不知道	54	10.4

续表

问题	选项	频数	比例/%
您知道什么是"退耕还水"补偿政策吗？	很清楚	15	2.88
	大概知道	80	15.38
	听说过,但说不明白	213	40.91
	不太清楚	165	31.82
	不知道	47	9.09
如果您是水资源减少的受害者或水资源的保护者,你是否愿意接受补偿？	是	480	92.23
	否	40	7.77
若国家或政府实施"退耕还水"生态补偿机制,您希望以何种方式补偿？	现金补偿	189	36.35
	财政补贴或税费减免	166	31.92
	实物补偿	117	22.50
	安排就业或提供就业指导	24	4.62
	提供生产或生活资料	24	4.62
	其他	0	0

8.2　补偿方式影响因素模型分析

8.2.1　变量的选择及赋值

为了深入研究塔里木河流域上游地区农户对生态补偿方式选择的影响因素,文中将受访者个体特征、家庭特征、水资源保护的意识及认知和生态补偿认知及响应意愿作为解释变量。为了进行统计分析,对变量进行赋值(表 8-2),个体特征变量分别为受访者的年龄、文化程度、民族,家庭特征变量为家庭年收入、耕地面积、居住地与河流距离,水资源保护的意识及认知变量有生态保护意识、对水资源的关注程度、水资源紧缺性认知、水资源保护重要性认知、水资源保护效果的认知,生态补偿认知及响应意愿变量分别为对"退耕还水"补偿政策的了解程度、生态补偿认知情况、是否愿意接受生态补偿。其中正负号表示变量与受偿意愿预期的变化方向。

表 8-2　变量定义、测度与描述性统计分析

变量	名称	变量定义及赋值	均值	标准差	预期方向
X1	年龄	18 岁以下＝1;18～35 岁＝2;36～55 岁＝3;56 岁及以上＝4	2.269 7	0.530 1	＋
X2	民族	汉族＝1;少数民族＝2	0.522 8	0.500 5	－

续表

变量	名称	变量定义及赋值	均值	标准差	预期方向
X3	文化程度	小学=1;初中=2;高中=3; 大学本专科=4;研究生及以上=5	3.128 6	1.078 2	+
X4	家庭年收入	实际统计收入为准(万元)	3.796 7	3.770 4	−
X5	耕地面积	100亩以下=5;101~500亩=4; 501~1 000=3;1 001~1 500亩=2; 1 500亩以上=1	4.136 9	1.041 8	+
X6	居住地与河流距离	10 km以内=5;10~50 km=4;	30.045 6	0.099 7	−
X7	生态保护意识	3=弱;2=一般;1=强	1.570 9	0.983 2	−
X8	对水资源的关注程度	5=非常关注;4=偶尔关注; 3=不太关注;2=会关注; 1=不关注	4.387 0	1.335 0	+
X9	水资源紧缺性认知	非常丰富=5;略有富裕=4; 刚好够用=3;较为短缺=2; 非常匮乏=1;	2.734 4	0.985 3	−
X10	水资源保护重要性认知	非常重要=5;比较重要=4; 一般=3;不重要=2; 很不重要=1	4.137 0	1.041 8	+
X11	水资源保护效果的认知	严重恶化=1;有一些恶化=2; 几乎没变化=3;有一些改善=4; 明显改善=5;	3.365 1	0.800 7	+
X12	生态补偿认知情况	很清楚=5;大概知道=4; 听说过,但说不明白=3; 不太清楚=2;不知道=1	2.929 8	0.992 7	−
X13	对"退耕还水"补偿政策的了解程度	很清楚=5;大概知道=4; 听说过,但说不明白=3; 不太清楚=2;不知道=1	2.356 8	1.078 8	−
X14	是否愿意接受生态补偿	1=是;2=否	1.055 62	0.946 6	−

8.2.2　补偿方式影响因素模型分析

1.logit 补偿方式影响因素回归模型

在选择接受补偿方式上,借用 SPSS24.0 进行多项 logit 回归分析,在设置因变量时,以资金补偿作为参照组进行回归。此次结果分析主要针对流域上游农户所选择的几种主要接受补偿的方式进行研究,即税费减免、安排就业或提供就业指导、实物补偿、提供生产或生活资料,回归结果如表 8-3 所示。

表 8-3　logit 补偿方式模型回归结果

变量	logit(税费减免/资金补偿)1	logit(安排就业或提供就业指导/资金补偿)2	logit(实物补偿/资金补偿)3	logit(提供生产生活资料/资金补偿)4
年龄	12.169*** (49.467)	−2.501*** (−26.892)	−2.734*** (−6.767)	−2.147*** (−2.593)
文化程度	−2.437*** (−5.707)	3.547* (1.928)	4.264*** (5.989)	3.295*** (4.810)
少数民族	1.450*** (6.651)	−15.232*** (−34.856)	−6.321*** (−316.050)	−2.561*** (−2.858)
家庭收入	2.891*** (4.648)	0.020*** (20.000)	0.304*** (304.000)	—
农户耕地面积	−1.825*** (−21.987)	−2.161*** (6.548)	0.593*** (2.578)	0.790*** (13.167)
居住地与河流的距离	−6.720*** (−14.000)	−3.720*** (−5.384)	0.153 (0.454)	4.058*** (13.803)
生态保护意识	−1.426*** (−3.204)	3.334*** (6.363)	−0.667 (−1.842)	0.679 (0.766)
水资源的关注程度	−0.498 (−0.847)	2.569*** (7.623)	0.621 (1.058)	0.223 (0.387)
水资源紧缺性认知	−0.648 (−1.588)	3.864*** (8.474)	0.042 (0.048)	3.145*** (3.644)
水资源保护重要性认知	−1.825*** (−21.988)	2.161*** (6.548)	0.593** (2.578)	0.790*** (13.167)
水资源保护效果的认知	0.145 (0.229)	−3.019*** (−4.681)	−3.958*** (−8.935)	−3.883*** (−8.441)

变量	logit(税费减免/资金补偿)1	logit(安排就业或提供就业指导/资金补偿)2	logit(实物补偿/资金补偿)3	logit(提供生产生活资料/资金补偿)4
对"退耕还水"补偿政策的了解程度	1.696** (2.469)	1.165* (1.685)	−0.329 (−0.436)	0.445 (0.586)
生态补偿认知情况	−6.720*** (−14.000)	3.720*** (5.383)	0.153 (0.454)	4.058*** (13.803)
是否愿意接受生态补偿	1.232*** (2.926)	−3.245*** (−6.146)	0.921 (1.187)	3.456*** (4.144)

注:*、**、***分别表示显著性水平为0.1、0.05、0.001。

2.受偿方式影响因素模型结果分析及讨论

从表8-3结果中可以看出,从个人特征来讲,①年龄,随着样本年龄提高,农户选择补偿方式意愿排序为税费减免＞资金补偿＞提供生产生活资料＞安排就业或提供就业指导＞实物补偿,对于年龄较高的农户往往更倾向于选择税费减免和资金补偿等补偿方式,其原因可能是高龄农户往往劳动能力较弱,相比于安排就业或提供就业指导、提供生产生活资料等补偿更适用;②文化程度,与年龄特征差别较大,实物补偿、提供生产生活资料、安排就业或提供就业指导更受欢迎,这可能是由于文化程度越高,知识水平越高,选择工作的范围相对越大,所以在接受补偿时更倾向于选择就业补偿;③民族,相比于汉族来讲,少数民族农户的选择意愿的次序与年龄相似,更乐于直接的补偿形式。

从家庭特征来讲,①家庭收入,收入水平高的农户家庭,其生活水平往往也较高,一般拥有较为稳定的工作和收入来源,因此大多选择资金、实物等补偿方式;②耕地面积较多的农户多选择实物或生产生活资料方面的补贴,而对就业方面的补贴的认可度较低,土地较多往往很难有时间和精力再就业,或者已有足够的土地维持生计,因此对于就业方面的补偿意愿也就很低;③居住地与河流的距离,居住地远离河流等水源地的农户更希望得到生产生活资料,而对税费减免的意愿不高,实物补偿和资金补偿并没有显著差异,这可能由于距离水源较远,此类农户缺少生产生活资料,土地规模及质量相对较差,税费减免所产生的利益往往不高。

从受访者对水资源保护的意识及认知来讲,生态保护意识、水资源的关注程度、水资源紧缺性认知、水资源保护重要性认知、水资源保护效果的认知这5项指标对于农户选择意愿的影响较为相似,都最倾向于安排就业或提供就业指导的补偿方式,可能的原因是此类农户生计往往对水资源水量和水质的依赖性较高,当水量及水质达不到要求时,其更愿意得到就业方面的补贴,拓展生计策略,对于其他补偿方式意愿虽有所差异,但大多会更倾向于可持续性的补偿形式。

从农户对生态补偿认知及响应意愿来讲,①对"退耕还水"补偿政策的了解程度高的农户更愿意选择税费减免和就业方面的补贴,其次是资金补贴;②对生态补偿认知高的农户更愿意选择就业和实物补贴,其次是资金补贴,最后是税费减免;③愿意接受生态补偿的农户更倾向于税费减免和实物补偿,鲜有人选择就业补贴。

从以上分析可以看出,以上因素不同程度影响流域上游农户受偿方式选择,对于文化程度高、距离水源较远、对水资源水质水量依赖性较强、对生态补偿了解程度高的农户,往往更倾向于就业和生活生产资料等具有长效性和持续性的补贴方式;而少数民族、年龄较高、家庭收入高、耕地较多的家庭则对就业补贴的重视程度往往较低,更倾向于实物补偿、资金补偿和税费减免等直接性补贴。

8.3　本章小结

若对塔里木河流域实施"退耕还水"的补偿政策,补偿方式的影响因素众多,流域上游地区耕地农户在选择众多补偿方式时,受多种影响因素的共同影响。对于文化程度高、距离水源较远、对水资源水质水量依赖性较强、对生态补偿了解程度高的农户,往往更倾向于就业和生活生产资料等具有长效性和持续性的补贴方式;而少数民族、年龄较高、家庭收入高、耕地较多的家庭则对就业补贴的重视程度往往较低,更倾向于实物补偿、资金补偿和税费减免等直接性补贴。由此看来,流域周边的经济发展处于相对缓慢的状态,耕地农户们普遍文化程度较低,因此农户们若为了保护流域水资源和生态环境的发展,一旦放弃了自己的耕地,就只能选择资金补偿来弥补"退耕还水"而受到的损失,甚至期望补偿程度能比耕地所得到的收益更高,这样更能提高这部分农户对流域生态环境和流域水资源保护的积极性,从而更好地实施补偿政策;或者选择被安排就业或被提供就业指导能拥有一份稳定的收入,同时不用再考虑耕地所带来的收益相对波动幅度较大;其中也有部分农户愿意接受税费减免、实物补偿或是被提供生产生活资料,这部分农户家中经济来源不仅仅依靠耕地,还存在其他经济来源,他们对政策实施的态度偏向不在乎的态度,但也不会存在不支持政策实施的抵触情绪。

第 9 章　基于"三型"农业发展的塔里木河流域水资源生态补偿机制构建

9.1　基本结论与补偿依据

上文各章的分析结果为下文中塔里木河流域生态补偿机制提供了理论依据。主要结论如下:①塔里木河流域水资源存在资源性匮乏,且农业用水利用效率较低,对二、三产业生产以及生活和生态用水产生了明显的挤占效应,违背了资源节约型农业发展的要求。②农业发展特别是大面积拓耕用水严重超越了水资源的生态承载力和环境容量,形成严重的生态赤字,基于环境友好和生态保育型农业的发展要求,需要大面积退耕还水。退耕面积按棉花单位收益计算的种植业损失可作为流域水资源生态补偿的参考标准下限,其生态系统服务价值可作为补偿上限。下限具体计算结果按地区分别为(单位:元):巴州 6.77×10^8、阿克苏 109.24×10^8、克州 0.53×10^8、喀什 169.66×10^8、和田 5.03×10^8 元,上限分别为 235.36×10^8、567.31×10^8、28.94×10^8、591.91×10^8、188.85×10^8 元。③由于补偿数额巨大,考虑塔里木河流域作为国家重点生态功能区的特点和地方财政状况,综合考虑各方利益博弈结果,并考虑流域农户偏好资金补偿的特点,补偿主体应该以中央政府财政转移为主,以二、三产业及地方政府为辅,补偿资金向源流区倾斜。

9.2　补偿原则

9.2.1　可持续发展原则

可持续发展要求当代人对水资源的开发利用不影响后代人对水资源的需求。流域的可持续发展不仅要求水资源的消长平衡和环境不受破坏,也要保证水资源在价值形态上始终保值增值,流域的生态补偿政策应当符合市场和价值规律,以维持水资源的经济、合理、可持续利用。基于"三型"农业发展的塔里木河流域水资源的生态补偿制度建立的基本宗旨是协调流域农业开发与环境保护的矛盾,实现区域经济利益与整体生态利益之间的协调,其终极目的是促进人与自然的和谐(周大杰 等,2005)。

9.2.2　生态服务有价原则

生态系统服务功能是指人类直接或间接从生态系统获取的利益的总称(欧阳志云 等,

2013)。塔里木河流域的生态系统服务功能主要有水源涵养、土壤保持、生物多样性保护、防风固沙、气候调节、环境净化等。流域生态补偿最直接的目的是保护提供上述功能赖以存在的生态系统以保证生态系统服务的可持续提供。因此生态系统服务功能价值是塔里木河流域生态补偿制度设计的重要科学基础。

9.2.3　政府为主,政府与市场相结合原则

生态系统向人类提供合格的生态公共物品,其受益者是国家和区域的居民、企业、社会团体等。生态公共产品由国家、地方政府提供,国家和地方政府担负主要职责。所以,政府必须是补偿的主体。从经济学角度出发,生态系统为人类提供生态服务产品,是生态服务的供给方,人类、企业或者团体是需求方,可以采用市场交易规则进行。塔里木河流域作为我国重要生态屏障区,能够有效抵御塔克拉玛干沙漠的外移,为我国中东部地区提供良好生态环境。同时,塔里木河流域生态系统为流域经济社会发展提供持续、稳定的生态服务产品(水资源、土地资源、良好生态环境等),支撑流域经济社会发展。因此该部分应该计算入流域企业生产成本之中。所以,流域生态补偿机制的建立必须遵循政府与市场相结合原则,国家担负起大部分生态补偿责任,地方企业和生产者应将生态服务产品价值纳入生产成本之中。

9.2.4　节水优先原则

人多水少、水资源时空分布不均是塔里木河流域的基本水情。塔里木河流域县级以上人民政府及相关部门应当加快实施农业节水技术推广,加强用水管理,健全节约用水的利益调节机制。

9.2.5　破坏与治理、占用和补偿统一原则

目前,塔里木河流域水资源管理存在的突出问题是各地农业用水抢占生态用水,威胁着流域生态环境。这一问题突出反映了流域在生态建设和水资源管理的严重政策缺位,使得生态效益及相关的经济效益在相关利益主体分配之间严重错位。导致了受益者未能承担破坏生态的责任和成本,加剧了其对水资源的浪费和环境的破坏;受害者得不到应有的经济补偿,挫伤了节约用水和保护生态的积极性。这种生态保护与经济利益关系的扭曲,使流域的水资源保护面临极大挑战。按照"谁破坏、谁治理,谁占用、谁补偿"的原则,必须建立和实施流域生态水量占用补偿机制,制定《塔里木河流域生态水占用补偿费征收管理办法》(托乎提·艾合买提 等,2014)。对占用流域生态水量的,使用累进加价征收生态水量占用补偿费,对流域内部分地(州)、兵团师和用水单位抢占挤占生态水的情况,实施强制性补偿的政策。

9.3　基 本 思 路

9.3.1　生态补偿立法协同

2008 年"水环境生态保护补偿机制"首次在《中华人民共和国水污染防治法》中提出(宋

书巧 等,2016);2014 年修订《中华人民共和国环境保护法》提出建立健全生态保护补偿制度,奠定了我国生态补偿制度法治化基础,其中就包括水资源生态补偿。1997 年,新疆维吾尔自治区颁布第一项关于水资源管理利用的地方性法规《新疆维吾尔自治区塔里木河流域水资源管理条例》(简称《条例》),但《条例》并未规定对水资源的生态补偿。目前,我国法律规定中有关流域水资源生态补偿条款主要见于《中华人民共和国环境保护法》及诸多环境保护的单项法律,而相关规定仅有原则性、鼓励性规范。有关塔里木河流域水资源生态补偿的地方性法规缺失,法律条文过于抽象,可操作性不强。塔里木河流域的生态补偿多以利益主体协商解决,由于缺乏统一的规范和相应的法律支撑,未能明确各方权责义务,导致推进流域水资源生态补偿工作面临着诸多问题。

9.3.2　生态补偿政策协同

2005 年,建立生态保护补偿机制于党的十六届五中全会中首次提出,之后相继出台一系列关于生态补偿机制的改革与指导意见的重要文件,如《生态文明体制改革总体方案》《关于加快建立流域上下游横向生态保护补偿机制的指导意见》《关于深化生态保护补偿制度改革的意见》等,并在不同发展阶段对水资源生态补偿提出明确要求。2000 年自治区制定《新疆维吾尔自治区水土保持设施补偿费、水土流失防治费收缴使用管理暂行规定》,后于 2015 年制定《新疆维吾尔自治区水土保持补偿费征收使用管理办法》,由水行政主管部门对损坏水土保持设施和破坏生态的生产建设单位和个人征收水土保持补偿费,并专项用于水土流失预防治理。依据《国务院关于完善大中型水库移民后期扶持政策的意见》(国发〔2006〕17号)、《新疆维吾尔自治区大中型水库移民后期扶持资金管理办法》(新财企〔2013〕144 号)相关要求,对纳入大中型水库搬迁扶持范围的居民以 600 元/(人·a)标准补助 20 a。此外,自治区水资源生态补偿的政策还以分级水价、超采惩罚进行水资源管理和生态环境治理。如2016 年推出《昌吉州农业水资源补偿费计收使用管理办法(暂行)》,以经济杠杆促进合理配置和优化水资源使用结构。2021 年《地下水管理条例》以节约和保护的开采使用原则,制定超采水资源补偿费,用于地下水资源保护。

可以看出,我国水资源生态补偿的政策正在逐渐完善,补偿方面的内容正在由各自探索向区域协作、由流域试点向全流域展开、由"百花齐放"向示范样板(太湖流域)、由横向转移支付向纵横结合的综合补偿、由政府转移支付向调动市场机制、由范围开展向区分 7 大类型水域因地制宜、由资金补偿向多样化补偿方式转变。自治区的水资源生态补偿的政策主要有单向的扣缴方式(水土保持补偿费、超采补偿费)、补偿扶持搬迁移民两种方式。

9.3.3　生态补偿主体协同

通常来讲,政府、市场和公民是生态补偿体系的三大主体,三者相互监督、相互合作、相互博弈。塔里木河流域水资源生态补偿核心利益相关者识别及博弈分析中,将其分为本身具有强约束力的"纵向"关系:中央政府与地方政府、地方政府与微观主体;以及需要上级介入才能达到均衡的"横向"关系:兵团与地方、源流与干流。可见政府主动且发挥主要作用,市场被动接受且发挥次要作用。因此,在构建"三型"农业的塔里木河流域生态补偿机制时,需充分发挥政府作用,各方参与到其中,畅通补偿路径,发挥生态补偿机制有效推进。

9.3.4　生态补偿方式协同

构建塔里木河流域生态补偿以政府财政转移支付为主,市场交易为辅,包括政策、资金、实物、技术、智力补偿等多形式补偿方式。根据"三型"农业发展下绿洲农业区、干旱区、重点生态功能区、民族聚居区耦合特殊地区的水资源生态补偿的特点和运行规律,兼顾"三农"问题、民族问题、资源环境问题、返贫问题进行多元化补偿。引导特色农产品发展,将生态修复、环境整治同生态产业相融合,引导居民参与,建立具有持续性、普惠性、互利性的发展模式。

9.3.5　生态补偿工具协同

生态补偿工具归根结底是提供给被补偿者权益,资金、技术、人才、政策、扶贫、就业等都是补偿工具的形态。利用好生态补偿工具的中心思路是根据被补偿对象的需求,选择针对性的补偿方式(张进财,2022)。

一方面,需要保证资金作为生态补偿工具的基础性工具地位,通过建立系统完善的生态补偿财政资金审批制度保证财政资金的充足供应和合理使用,拓展除财政资金以外的生态补偿资金来源渠道,构建多元化生态补偿资金体系。用财政资金做引导,通过发行特种彩票和债券吸纳生态补偿资金,建立针对性的生态补偿基金。另一方面,拓展其他生态补偿形式。将生态补偿与民族、宗教等多元素耦合的"三型"农业协同发展战略相结合,具有针对性的方式,以相同的资本实现受偿者效用最大化及社会效益最大化。

9.4　基于"三型"农业发展的塔里木河流域水资源补偿机制的基本内容架构

9.4.1　政府主导机制

通过前文塔里木河流域水资源生态补偿核心利益相关者识别及博弈分析,政府财政转移支付仍将是现阶段补偿主导方式,对生态补偿行动加以指导,并配套生态补偿的横纵转移支付、金融、税收、产业等相关政策。对相关典型案例梳理发现,政府可以通过采用市场导向的手段,结合经济激励与政府和市场奖励相结合来提高生态效率。美国的自由贸易已经形成了一个有效的市场,补偿标准取决于买卖双方之间的供需平衡,通过参加补偿机制、政府谈判和进行节水招标来调动农民的积极性。日本过渡到农业用水权时,政府和企业共同承担了补偿。法国市场自由调节,改善了流域的生态环境。塔里木河流域生态补偿鼓励研究和建立政府为主导、市场积极参与的"三型"农业的生态资源补偿机制。

9.4.2　合作动力机制

基于"三型"农业发展的塔里木河流域水资源补偿需要各方利益相关者互相合作实现,提升其内在参与动力是提高运行效率的关键,政府作为主导者具有较强的"家长"属性,对其他参与各方和环境治理目标有着更宏观准确的把控,参与意愿较为强烈,受偿者往往希望得到更多补偿而具有较高的积极性。因此,其他补偿主体明晰水资源恶化与自身利益关系尤为重要,法国、哥斯达黎加案例中,莱茵河-莫兹河流域水质恶化,使毕雷矿泉水公司产生高昂的水质净化成本,为保障流域上游提供优质水源,其自发向农户提供生态补偿费;哥斯达黎加 Sarapiqui 流域水流径流量降低,泥沙沉积,损害私营水电公司(EG)发电的利益产出,为保障河流水量供应,成立基金补偿保护生态的上游土地主等。可见只要将塔里木河流域水资源的优劣与参与各方自身利益"挂钩",便可提升决策者的参与意愿和合作动力。

9.4.3 责任分担机制

由于现行水资源生态补偿工作主要以政府主导为主,各方参与不足,补偿资金有所欠缺,补偿目标实现往往并不理想。因此,应当调动社会参与,加入市场化的调节。在此条件下,地方各级党委和政府及相关部门应强化水资源生态保护责任意识,掌握相关理论并投入实践,领略政策文件将要求落到实处。财政部、生态环境部等部门履行好协调、资金、监督职责。受益方、保护方主体明确生态补偿中的定位,履行相应义务,取得或付出补偿。各方主体参与下起到相互监督的作用,主动承担补偿责任。

9.4.4 运行保障机制

配套生态补偿机制的保障体系,一是完善生态补偿机制的政策以及法律法规。将生态补偿机制纳入环境保护法的具体法律条文当中,并将重点内容进行阐述和明确。对生态补偿的主客体划分、补偿标准测算、补偿区域的界定、补偿方式的选择、补偿依据等内容进行详细说明,保证生态补偿实践有法可依。二是对相关资金调配使用,设立具体检查监督机构(白宇 等,2021)。对生态补偿各个环节评估检查,做到资金透明、运行有效、公正民主,保障生态补偿各项工作有记录、有依据、有针对、有效果。

9.4.5 平等协商机制

协商应在法律允许范围内各方利益主体平等自愿前提下,公平谈判,互惠互利,达成合理可行的一致意见。在水资源生态补偿工作实践中,平等协商是寻求最适解决途径的、实现最佳解决方案的"钥匙"。厄瓜多尔基多市生态补偿实践中政府与市场代表便是通过平等协商方式表达各自的利益诉求,在博弈中实现双赢乃至多赢局面。

9.4.6 利益平衡机制

科学、合理的水资源生态补偿机制建立健全,能在生态环境保护与经济发展互相制约的情况下,有效解决流域内相关主体的利益分配问题,生态补偿相关利益主体提出各自利益诉求,通过谈判协商的形式,在相互约束情况下共同寻找各自利益最大化的平衡点,以满足参与各方需求,取得"最优解"。

9.4.7 信息共享机制

信息共享是参与各方合作协调做出最佳方案的前提,也是保障生态补偿工作顺利有序开展的关键。生态补偿是各要素相互错综复杂的系统,只有各方信息互相透明公开,决策才能更有效准确。基于"三型"农业发展的塔里木河流域水资源生态补偿过程中,补偿范围内各地方政府之间、地方与兵团之间、各兵团之间务必形成互信共享机制。建立各地方政府生态补偿沟通协调部门,负责生态补偿项目的协商洽谈工作,生态补偿项目的财政资金沟通和对接工作,做到信息公开化透明化,使工作更准确,更高效。

9.4.8　监督评估机制

完善生态监测体系,优化各地生态监测点布局,提升动态监测预警功能,推进对生态保护工作质量、实现效果程度、资金使用调度的监督评估。参照其他流域成功经验建立健全水资源生态补偿评价指标体系和信息发布工作。着重审查、监测生态保护补偿工作开展中问题突出、效果不强、进展缓慢的地区和部门。对造成生态破坏和严重后果的,依法追责并承担相应后果。发挥公众作用,设立专门的监督反馈渠道,接受广大群众监督。

9.5　基于"三型"农业发展的塔里木河流域 水资源生态补偿机制的政策建议

9.5.1　进一步完善政策法规体系

加快推进法治建设,运用法律手段规范生态保护补偿行为。国家层面,应尽快通过立法将生态保护补偿制度落到实处,完善生态补偿及水资源生态补偿相关法律和政策文件,更清晰化界定权责义务,设立更多具体化操作性强的条款,为水资源生态补偿运行工作营造法治环境。地方层面,塔里木河流域在参照率先开展水资源生态补偿各省市工作的成熟经验,与自身已开展的生态补偿实践的基础上,进一步完善现行的水资源生态保护补偿法规政策,具体可出台地方性生态补偿法规或修订《条例》,为塔里木河流域水资源生态保护补偿工作深入保驾护航。相关部门加大执法力度,对违反生态保护规定的行为及时制止,依法惩处,按规办理。

9.5.2　实现分类补偿与整体统筹相结合

针对江河源头、重要水源地、水土流失重点防治区、蓄滞洪区、受损河湖等重点区域开展水流生态保护补偿,依据不同特征进行划分,并设立与当地相适应的评价指标,采取生态补偿措施。推动"三型"协同农业发展的生态治理补贴制度,适当借鉴日本等经验出台引导性政策,对节水农业生产设施、生态生产行为等予以补贴扶持。对暂不具备治理条件的区域采取封禁保护,以扼制生态环境持续恶化。调动省级以下地方政府积极性,促进"三型"农业发展。由于受行政区划限制,各地政府部门注重各自区域的生态补偿治理,难以兼顾整体性的生态保护,因此在实际工作中应结合职责范围内的生态空间,在上级指导下拓展范围,加强多处协调合作,提高生态补偿有效衔接,避免疏漏、重复补偿,统筹使用水资源生态补偿资金,提升全流域整体效益。

9.5.3　健全综合补偿制度

坚持生态补偿力度与财政能力匹配的纵横结合的综合补偿制度,促进塔里木河流域上下游各区域间责任共担、利益共享。借鉴德国等国外横、纵向转移支付先进经验及国内各省流域横向生态保护补偿机制试点成果,实施基于"三型"农业发展的纵横结合的综合补偿制度,实现塔里木河流域上下游横向生态保护补偿机制建设,开展跨区域协作治理。结合财政状况加大补偿资金投入力度,持续扶持原深度贫困地区,根据各区域的现实需要实施差异化补偿。对塔里木河流域发展破坏生态环境的相关产业视情况进行整改或转移。对吸纳生态移民较多地区给予奖励补偿,引导生态薄弱地区人口转移。

9.5.4　政府主导,各方参与,拓宽补偿资金渠道

逐步完善政府有力主导、社会有序参与、市场有效调节的生态保护补偿体制机制。逐步进行水资源生态保护补偿市场化试点,积累经验向全流域拓展,多渠道获取补偿资金,例如征收生态补偿费、不补偿保证金、水资源补偿税等,保障水资源生态保护补偿的稳定资金来源。可尝试探索建立试点流域水资源生态保护补偿基金,以吸引投资、基金运作等方式获取补偿资金的同时,还可将基金投入塔里木河流域生态保护建设项目中,形成水资源生态保护的"良性循环"。

9.5.5　推动补偿方式多元化

积极探索"造血式"水资源生态补偿模式,根据现实需要实行多样化补偿。将生态补偿与塔里木河流域现实情况相结合,此前,生态扶贫主要有水利建设、提供生态护林员、护草员等公益岗位等措施,基于"三型"农业发展建设中,依旧要探索更多元化的生态补偿方式,引导发展特色优势产业、扩大绿色产品生产。将生态修复、污染防治、环境保护与"三型"农业有机融合,引导农业经营者进行保护环境的生产生活方式。可通过低息或无息贷款、资金资助等方式鼓励旅游产业、人文元素等与生态环境深度融合,形成更优质的休闲农业旅游项目,吸引游客观光旅游,从而带动周边餐饮、旅馆、纪念品等产业发展。

9.5.6　提升全社会生态保护补偿意识

运用传统媒体和短视频等新型媒体宣传水资源生态补偿政策,增强社会各界生态保护意识,监督流域水资源生态补偿工作开展情况,使全社会树立"绿水青山就是金山银山"的发展理念,支持并自觉参与到生态补偿工作之中,从而改变生产生活习惯,从生活小事做起,身体力行。提升生态补偿各方主体对自身权责义务的认识水平,积极主动配合。组织塔里木河荒漠化防治生态功能区开展生态环保教育培训,支持鼓励兵地各单位延续植树造林等保护生态的传统公益活动,可定期评比该项活动并给予奖励,调动各方参与积极性。

参 考 文 献

[1] ADAMSON D，MALLAWAARACHCHI T，QUIGGIN J，2009. Declining inflows and more frequent droughts in the Murray-Darling Basin：climate change，impacts and adaptation[J]. Australian Journal of Agricultural and Resource Economics，53(3)：345-366.

[2] AIGNER D J,LOVELL,C A K,SCHMIDT,1977.Formulation and estimation of empirical application-function models [J]. Journal of Econometrics,(6):21-37.

[3] ALCHIAN A A,1950. Uncertainty，evolution，and economic theory[J]. Journal of Political Economy，58(3)：211-221.

[4] AMORES A F，CONTRERAS I，2009. New approach for the assignment of new European agricultural subsidies using scores from data envelopment analysis：application to olive-growing farms in Andalusia (Spain)[J]. European Journal of Operational Research，193(3)：718-729.

[5] ÁNGEL P，JOSÉMIGUEL M P,2017. Measuring conflicts in the management of anthropized ecosystems：evidence from a choice experiment in a human-created Mediterranean wetland[J]. Journal of Environmental Management，203，Part 1：40-50.

[6] ARMITAGE A R，HO C K,MADRIO E N,et al.,2014. The influence of habitat construction technique on the ecological characteristics of a restored brackish marsh[J]. Ecological Engineering,62 (2014)：33-42.

[7] ASADULLAH M N，RAHMAN S,2006. Farm productivity and efficiency in rural Bangladesh:The role of education revisited[C].Plymouth：University of Plymouth:35-48.

[8] ASAFU-ADJAYE J，2000. The relationship between energy consumption，energy prices and economic growth：time series evidence from Asian developing countries[J]. Energy economics，22(6)：615-625.

[9] AYZRZA M，HUBER-SANNWALD E，HERRICK J E，et al.，2010. Changing human-ecological relationships and drivers using the Quesungual agroforestry system in western Honduras[J]. Renewable Agriculture and Food Systems，25(3)：219-227.

[10] BALMFORD A，FISHER B，GREEN R E，et al.,2011. Bringing ecosystem services into the real world：an operational framework for assessing the economic consequences of losing wild nature[J]. Environ Resource Econ,48:161-175.

[11] BARNETT B J，MAHULO,2007. Weather index insurance for agriculture and rural areas in lower-income countries [J]. American Journal of Agricultural Economics，89(5)：1241-1247.

[12] BHATTACHARYYA,HARRIS A,THOMAS R,1995. Specification and estimation of the effect of ownership on the economic efficiency of the water utilites[J]. Regional Science and Urban Economics，25(6):759.

[13] BOSSHARD A，SCHLÄPFER F,2005. Ways towards a target oriented Swiss agricultural policy[J]. Agrarforschung,12(2):52-57.

125

[14] BOYD J, Banzhaf S, 2007. What are ecosystem services? The need for standardized environmental accounting units[J].Ecological Economics, 63: 616-626.

[15] BROWN L R, HALWEIL B,1998.China's water shortage could shake world food security[J].World-Watch,11(4):10-20.

[16] BULUT H, COLLINS K, ZACHARIAS T P, et al.,2011. Why do producers choose individual or area insurance protection? [Z].

[17] CASTRO A J, VAUGHN C C, GARCIA-LLORENTE M, et al., 2016. Willingness to pay for ecosystem services among stakeholder groups in a South-Central US watershed with regional conflict[J]. Journal of Water Resources Planning and Management, 142(9): 05016006.

[18] CASTRO A P, NIELSEN E,2001. Indigenous people and co-management implications for conflict management[J]. Environmental Science and Policy, 4(4): 229-239.

[19] CHARNES A, COOPER W W, RHODES E,1978.Measuring the efficiencies of DMUS[J]. European Journal of operational Research,2(16):429-444.

[20] COELLI T J,RAHMAN S, THIRTLE C,2002.Technical,allocative,cost and scale efficiencies in Bangladesh ricecultivation: a non-parametric approach [J].Journal of Agricultural Econmics, 53(3): 607-627.

[21] COSGROVE W, CONNOR R, KUYLENSTIERNA J, 2004. Workshop 3 (synthesis): climate variability, water systems and management options[J]. Water Science and Technology, 49(7): 129-132.

[22] COSTANZA R, DARGE R, DE Groot R, et al.,1997. The value of the world's ecosystem services and natural capital[J]. Nature, 387(6630): 253-260.

[23] CUPERUS R, 2005. Ecological compensation of highway impacts: negotiated trade-off or no-net-loss? [D]. Leiden: Leiden University.

[24] DEASON J,SCHAD T M,SHERJ G W,2001.Water policy in the United States:aperspective[J].Water Policy,3(3):3175-3192.

[25] DHEHIBI B, LACHAAL L, ELLOUMI M, et al., 2007.Measuring irrigation water use efficiency using stochasticproduction.frontier:an application on citrus producing farms in Tunisia[J]. African Journal of Agriculturaland Resource Economcs,1(2):1-15.

[26] DIAO X, ROE T,2000. The win-win dffect of joint water market and trade Reform on Interest Groups inIrrigated Agriculture in Morocco[C]. Washington,D C:Oxford University Press US:141-166.

[27] DIRK ZOBEL,2006. Is water productivity a useful concept in agritural water management? [J]. Agricultural Water Mangement,84(3):265-273.

[28] DIXON A B,2002. The hydrological impacts and sustainability of wetland drainage cultivation in Illubabor, Ethiopia[J]. Land Degradation & Development 13(1): 17-31.

[29] D'ODORICO P, LAIO F, PORPORATO A, et al.,2010. Ecohydrology of terrestrial ecosystems[J]. BioScience, 60(11): 898-907.

[30] DRAKE C, 1997. Water resource conflicts in the Middle East[J]. Journal of Geography, 96(1):4-11.

[31] ENJOLRAS G, SENTIS P,2011. Crop insurance policies and purchases in France[J]. Agricultural Economics, 42(4): 475-486.

[32] FARE R, GROSSKOPF S, LOVELL C,et al.,1989. Multilateral productivity comparisons when some outputs are undesirable: a nonparametric approach[J].Review of Economics and Statistics,71(1): 90-98.

[33] FARRELL M J,1957. The measurement of production eificiency [J]. Jounal of Poywl Swtisticwl Socie-

ty,120(3):253-290.

[34] FISHER J B, MELTON F, MIDDLETON E, et al., 2017. The future of evapotranspiration: global requirements for ecosystem functioning, carbon and climate feedbacks, agricultural management, and water resources[J]. Water Resources Research, 53(4): 2618-2626.

[35] FITZHUGH T W, 2014. EFCAM: a method for assessing alteration of environmental flow components[J]. River research and applications, 30(7): 825-844.

[36] GENG Y Q,ZHANG H,2020. Coordination assessment of environment and urbanization: Hunan case. [J]. Environmental monitoring and assessment,192(10):637.

[37] GROOT R S, WILSON M A, BOUMANS R M J, 2002. A typology for the classification, description and valuation of ecosystem functions, goods and services[J].Ecological Economics,41(3):393.

[38] GUO M, et al., 2022. Integrating the ordered weighted averaging method to establish an ecological security pattern for the Jianghuai ecological economic zone in China: Synergistic intraregional development [J]. Ecological Indicators, 135: 108-543.

[39] HAN B-P, ARMENGOL J,GARCIA J C,et al., 2000.The thermal structure of Sau Reservior (NE: Spain):a simulation approach[J]. Ecological Modelling,125(2-3):109-122.

[40] HARMUKH S, 2024. DEAD IN THE WATER? ADDRESSING THE FUTURE OF WATER CONSERVATION IN THE COLORADO RIVER BASIN[J]. Columbia Law Review,124(3):741-776.

[41] HEIMLICH J E, ARDOIN N M, 2008. Understanding behavior to understand behavior change: a literature review[J]. Environmental education research, 14(3): 215-237.

[42] HUSAIN F, O'BRIEN M, 2001. South Asian Muslims in Britain: faith family and community. in: Harvey, C.D.H. (ed.) Maintaining our differences: minority families in multicultural societies Aldershot Ashgate: 15-28.

[43] HOLLAND J M, OATEN H, MOREBY S, et al., 2012. Agri-environment scheme enhancing ecosystem services: a demonstration of improved biological control in cereal crops[J]. Agriculture, Ecosystems & Environment, 155: 147-152.

[44] IGLESIAS A, WARD M N,MENENDEZ M et al.,2003. Water availability for agriculture under climate change: understanding adaptation strategies in the Mediterranean[J]. Climate Change in the Mediterranean, Socio-economic Perspectives of Impacts, Vulnerability and Adaptation: 75-93.

[45] JAIN S K, KUMAR P, 2014. Environmental flows in India: towards sustainable water management [J]. Hydrological Sciences Journal, 59(3-4): 751-769.

[46] JENKINS P, HARVEY M, CAROL D H,2004. Maintaining our differences: minority families in multicultural societies[M]. [S.l.]:Taylor & Francis.

[47] JOHNSTON E W, HICKS D, NAN N, et al., 2011. Managing the inclusion process in collaborative governance[J]. Journal of Public Administration Research and Theory, 21(4): 699-721.

[48] KAMAL A, EHSAN H F, ANDREW K,et al.,2008.Governance of water supply systems in the Palestinian. Territories: a data envelopment analysis approach to the management of water resources [J]. Journal of Environmental Management,87(1):80-94.

[49] LEATHERS H D, 2001. Agricultural export subsidies as a tool of trade strategy: before and after the federal agricultural improvement and reform act of 1996[J]. American journal of agricultural economics, 83(1): 209-221.

[50] LI S, LIANG W, FU B, et al., 2016. Vegetation changes in recent large-scale ecological restoration projects and subsequent impact on water resources in China's Loess Plateau[J]. Science of the Total

Environment，569：1032-1039.

[51] MACHADO A C M，VERÓL A P，BATTEMARCO B P，et al.，2020. Proposal of a complementary tool to assess environmental river quality：the River Classification Index（RCI）[J]. Journal of cleaner production，254：120000.

[52] MACMILLAN D，HANLEY N，LIENHOOP N，2006. Contingent valuation：environmental polling or preference engine？[J]. Ecological economics，60(1)：299-307.

[53] MAHUL O，2001. Optimal insurance against climatic experience[J]. American Journal of Agricultural Economics，83(3)：593-604.

[54] MAINGUET M，1999. Aridity：droughts and human development[M]. Berlin：Springer Science & Business Media.

[55] MARSHALL A，1920. Industrial organization，continued. The concentration of specialized industries in particular localities. Principles of economics [M]. London：Palgrave Macmillan UK：222-231.

[56] MCINTYRE O，2015. The principle of equitable and reasonable utilisation. In A. Tanzi，O. McIntyre，A. Kolliopoulos，A. Rieu-Clarke，& R. Kinna（Eds.），The UNECE Convention on the Protection and Use of Transboundary Watercourses and International Lakes：its contribution to international water cooperation：146-159.

[57] MORENO-MATEOS D，MARIS V，BECHET A，et al.，2015. The true loss caused by biodiversity offsets[J]. Biological Conservation，192：552-559.

[58] MOTALLEBI M，HOAG D L，TASTIGHI A，et al.，2018.The impact of relative individual ecosystem demand on stacking ecosystem credit markets[J]. Ecosystem Services，29：137-144.

[59] NASH J F，1950. Equilibrium points in n-person games [J]. Proceedings of the National Academy of Sciences of the United States of America，36(1)：48-49.

[60] NOH K C，KIM H S，OH M D，2010. Study on contamination control in a minienvironment inside clean room for yield enhancement based on particle concentration measurement and airflow CFD simulation[J]. Building and Environment，45(4)：825-831.

[61] PAGIOLA S，RAMíREZ E，GOBBI J，et al.，2007. Paying for the environmental services of silvopastoral practices in Nicaragua[J]. Ecological economics，64(2)：374-385.

[62] POFF N L，BARON J S，ANGERMEIER P L，et al.，2002. Meeting ecological and societal needs for freshwater[J]. Ecological Applications，1(2)：1.

[63] REINHARD S，LOVELL K，THIJSSEN G，2000.Encironmental efficiency with multiple stochastic frontier and DEA methods[J].Applied Economics，32(4)：1665-1673.

[64] RETALLACK M，2021. The intersection of economic demand for ecosystem services and public policy：A watershed case study exploring implications for social-ecological resilience[J]. Ecosystem Services，50：101-322.

[65] RICHARDS C，REROLLE J，ARONSON J，et al.，2015.Governing a pioneer program on payment for watershed services：stakeholder involvement，legal frameworks and early lessons from the Atlantic forest of Brazil[J]. Ecosystem Services，16：23-32.

[66] ROBERT P C，2002. Precision agriculture：a challenge for crop nutrition management[C]//Progress in Plant Nutrition：Plenary Lectures of the XIV International Plant Nutrition Colloquium：Food security and sustainability of agro-ecosystems through basic and applied research. Springer Netherlands：143-149.

[67] ROBERTSON G，PHILIP G，KATHERINE L，et al.，2014. Farming for ecosystem services：an eco-

logical approach to production agriculture[J]. BioScience,64(5):404-415.

[68] ROSEGRANT M W，RINGLER C，1998. Impacts on food security andrural development of transferring waterout of agriculture[J].Water policy,1(1):567-586.

[69] SCHUYT K，BRANDER L，2004. Living waters: the economic values of the world's wetlands[J]. Amsterdam:WWF. Environmental Studies:32.

[70] SOUNDARRAJAN，PARVADAVARDINI，NAGARAJAN V,2016. Green finance for sustainable green economic growth in India. Agricultural Economics/Zemědělská Ekonomika 62:1.

[71] SUN H，GAO G，LI Z，2021. Research on the cooperative mechanism of government and enterprise for basin ecological compensation based on differential game[J]. Plos one，16(7): e0254411.

[72] STOCHASTIC,2003. Production frontier [J].Enviromnental and Resources Economics,26(1):57-72.

[73] VAN GRINSVEN H J M，TIKTAK A，ROUGOOR C W，2016. Evaluation of the Dutch implementation of the nitrates directive，the water framework directive and the national emission ceilings directive [J]. NJAS-Wageningen Journal of Life Sciences，78: 69-84.

[74] VARIS O，VAKKILAINEN P,2001.China's challenges to water resources management in the first quarter of the 21st century[J].Geomorphology,41(1):93-104.

[75] WADUD A，WHITE B,2000.From household efficiency in Bangladesh: a comparison of stochastic frontier and DEA[J].Applied Economics,32(5):1664-1273.

[76] WAGENVOORT R，SCHURE P H A,2006. Recursive thick frontier approach to estimating production efficiency[J].Oxford Bulletin of Economics &.Statitics,68(2):183-201.

[77] WANG Y K，FU B，XU P，et al.，2014. Value of ecosystem hydropower service and its impact on the payment for ecosystem services[J]. Science of the Total Environment，472: 338-346.

[78] WHITAKER J B，2009. The varying impacts of agricultural support programs on US farm household consumption[J]. American Journal of Agricultural Economics，91(3): 569-580.

[79] WU Y，JIE C，BIN X，et al，2008. Ecosystem service value assessmentfor constructed wetlands: a case study in Hangzhou,China. Ecological Economics，68(1):116-125.

[80] WILSON P W,2003.Testing independence in models of productive efficiency [J].Journal of ProductivityAnalysis,20(3):361-390.

[81] WRINGHT G C,NAGESWARA R R C，FARQUHAR G D,1994.Warer use efficiency and carbon isotope discriminationin peanut under water deficit conditions [J].Crop Science,34(1):92-97.

[82] YACOB M R，RADAM A，SANDIN Z,2011.Willingness to pay for domestic water service improvements in Selangor，Malaysia: a choice modeling approach[J]. International Business &. Management，2(2):30-39.

[83] 艾克热木·阿布拉,等,2018. 塔里木河流域"四源一干"相对环境承载力研究[J].海河水利,(02):52-56.

[84] 白雪,朱春燕,2012.我国工业节水标准化的现状及建议[J].中国标准化,10:75-79.

[85] 白宇,赵欣悦,2021.深化生态保护补偿制度改革[N].人民日报,09.

[86] 鲍超,方创琳,2008.干旱区水资源开发利用对生态环境影响的研究进展与展望[J].地理科学进展,(03):38-46.

[87] 包晓斌,2013.河流污染呼唤流域生态补偿[N].中国科学报,07-09(001).

[88] 毕建培,等,2019.国内水流生态保护补偿实践及存在的问题[J].水资源保护,35(05):114-119.

[89] 蔡守华,等,2008.小流域生态系统服务功能价值估算方法[J].中国水土保持科学,(01):87-92.

[90] 蔡松年,2014.葫芦岛市工业用水的节水潜力及影响因素研究田[J].内蒙古水利,1(1):114-116.

[91] 曹建清,2011.流域区际生态补偿准市场交易体系构建研究[J].江苏农业科学,(01):496-498.

[92] 陈关聚,白永秀,2013.基于随机前沿的区域工业全要素水资源效率研究[J].资源科学,35(8):1593-1600.

[93] 陈庆秋,2012.节水减污工业结构调整研究:以珠江三角洲地区为例[J].产业观,(9):112-116.

[94] 陈瑞莲,胡熠,2005.我国流域区际生态补偿:依据、模式与机制[J].学术研究,(09):71-74.

[95] 陈素景,等,2007.中国省际经济发展与水资源利用效率分析[J].统计与决策,(22):65-67.

[96] 陈亚宁,等,2014.西北干旱区气候变化对水文水资源影响研究进展[J].地理学报,69(09):1295-1304.

[97] 陈兆波,2009.基于水资源高效利用的塔里木河流域农业种植结构优化研究[D].北京:中国农业科学院.

[98] 陈兆开,等,2008.黄河流域水资源生态补偿问题研究[J].人民黄河,(02):39-40.

[99] 陈作成,2015.新疆重点生态功能区生态补偿机制研究[D].石河子:石河子大学.

[100] 储博程,2013.昆明市工业用水系统分析与工业经济结构调整研究[J].云南地理环境研,(6):60-65.

[101] 大西晓生,等,2013.中国农业用水效率的地区差别及其评价[J].农村经济与科技,24(8):167-171.

[102] 党锐,2021.甘肃省水资源-土地资源-能源-粮食系统耦合协调研究[D].兰州:甘肃农业大学.

[103] 邓铭江,2009.中国塔里木河治水理论与实践(精)[M].北京:科学出版社.

[104] 丁宏伟,等,2012.黑河流域水资源转化特征及其变化规律[J].冰川冻土,34(06):1460-1469.

[105] 丁训静,等,2003.太湖流域污染负荷模型研究[J].水科学进展,(02):189-192.

[106] 董楠,2009.开封市水资源承载能力及优化配置研究[D].咸阳:西北农林科技大学.

[107] 窦圣超,等,2020.土地生态功能与经济发展水平的耦合协调关系研究:以鲁南经济带为例[J].资源开发与市场,36(12):1343-1349,1427.

[108] 杜梅,马中,2005.实施退耕还水政策的经济理论分析[C]//中国可持续发展研究会.2005中国可持续发展论坛:中国可持续发展研究会2005年学术年会论文集(上册).同济大学出版社:3.

[109] 段靖,2015.流域生态补偿标准中成本核算的原理分析与方法改进[C].中国可持续发展研究会.2005中国可持续发展论坛:中国可持续发展研究会2005年学术年会论文集(上册).

[110] 段胜利,2017.京津冀流域区际生态补偿法律制度研究[D].保定:河北大学.

[111] 范晓秋,2005.水资源生态足迹研究与应用[D].南京:河海大学.

[112] 范春梅,2005.物流企业绩效评价方法及实证分析[D].长沙:长沙理工大学.

[113] 付小雪,陈宜金,2012.北京市水资源利用相对效率的时空差异分析[J].长江科学院院报,(295):5-8.

[114] 葛颜祥,等,2007.流域生态补偿:政府补偿与市场补偿比较与选择[J].山东农业大学学报(社会科学版),(04):48-53,124-106.

[115] 龚亚珍,等,2016.基于选择实验法的湿地保护区生态补偿政策研究[J].自然资源学报,31(02):241-251.

[116] 郭宏伟,等,2017.塔里木河流域枯水年生态调水方式及生态补偿研究[J].自然资源学报,32(10):13.

[117] 郭明远,2006.节水农业的形成与灌溉水价改革[J].干旱地区农业研究,(3):122-124.

[118] 郭庆,等,2022.流域生态补偿标准核算方法研究进展[J].浙江林业科技,42(02):84-129.

[119] 韩长赋,高云才,2017.中国农业发展方式的战略选择[N].人民日报,10-02(002).

[120] 何爱平,安梦天,2019.地方政府竞争、环境规制与绿色发展效率[J].中国人口·资源与环境,29(03):21-30.

[121] 何艳梅,2017.对《水污染防治法》修订的思考[J].环境保护,45(10):36-38.

[122] 洪昌红,等,2011.广东省工业用水效率影响因素分析[J].广东水利水电,(8):27-29.

[123] 胡海涛,等,2009.退耕还水 保生态 促经济[J].水利规划与设计,(06):19-20,35.

[124] 黄海斌,2007.中国水资源利用与经济社会可持续发展研究[D].咸阳:西北农林科技大学.

[125] 黄河流域生态保护与高质量发展战略综合课题组,2022.黄河流域生态保护和高质量发展协同战略体系研究[J].中国工程科学,24(01):93-103.

[126] 黄林楠,等,2008.水资源生态足迹计算方法[J].生态学报,2(3):1279-1286.

[127] 黄茂兴,叶琪,2017.马克思主义绿色发展观与当代中国的绿色发展:兼评环境与发展不相容论[C]//全国高校社会主义经济理论与实践研讨会领导小组.社会主义经济理论研究集萃(2017):开启新时代的中国经济.福建师范大学经济学院:22.

[128] 江波,等,2017.白洋淀湿地生态系统最终服务价值评估[J].生态学报,37(08):2497-2505.

[129] 姜楠,2009.我国水资源利用相对效率的时空分异与影响因素研究[D].大连:辽宁师范大学.

[130] 蒋毓琪,陈珂,2016.流域生态补偿研究综述[J].生态经济,32(04):175-180.

[131] 焦翔,2019.我国农业绿色发展现状、问题及对策[J].农业经济,(07):3-5.

[132] 焦隽,等,2007.江苏省内陆水产养殖非点源污染负荷评价及控制对策[J].江苏农业科学,(06):340-343.

[133] 焦士兴,等,2020.河南省水生态足迹测度及其驱动效应分析[J].水文,40(01):91-96.

[134] 矫勇,2005.关于水资源配置与节水型社会建设问[J].中国水利,(13):25-29.

[135] 解伏菊,2010.山东省工业水资源全要素生产率研究:基于DEA方法的实证分析[J].理论学刊(12):55-58.

[136] 雷亚君,等,2017.新疆水资源生态足迹核算与预测[J].干旱地区农业研究,35(5):142-150.

[137] 黎云云,等,2020.基于CA-Markov模型的黄河流域土地利用模拟预测研究[J].西北农林科技大学学报(自然科学版),48(12):107-116.

[138] 李昌峰,等,2014.基于演化博弈理论的流域生态补偿研究:以太湖流域为例[J].中国人口·资源与环境,24(01):171-176.

[139] 李长健,等,2017.基于CVM的长江流域居民水资源利用受偿意愿调查分析[J].中国人口·资源与环境,27(6):110-118.

[140] 李建新,2023.新疆人口转变与发展:回应西方有关新疆人口"种族灭绝"谬论[J].西北人口,44(05):1-13.

[141] 李静,马潇璨,2014.资源与环境双重约束下的工业用水效率:基于SBM-Undesirable和Meta-frontier模型的实证研究[J].自然资源学报,6(6):920-933.

[142] 李宁,等,2010.我国实践区际生态补偿机制的困境与措施研究[J].人文地理,25(01):77-80.

[143] 李秋萍,2015.流域水资源生态补偿制度及效率测度研究[D].武汉:华中农业大学.

[144] 李青,等,2016.荒漠生态系统服务功能货币化评估:以塔里木河干流胡杨林为例[J].干旱区资源与环境,30(07):47-52.

[145] 李青,薛珍,2018.塔里木河流域居民生态认知与支付行为空间异质性研究:基于上中下游2133个居民调查数据[J].干旱区资源与环境,32(01):14-21.

[146] 李志敏,廖虎昌,2012.中国31省市2010年水资源投入产出分析[J].资源科学,34(12):2274-2281.

[147] 廖虎昌,董毅明,2011.基于DEA和Malmquist指数的西部12省水资源利用效率研究明[J].资源科学,33(2):273-279.

[148] 佟金萍,等,2011.基于完全分解模型的中国万元GDP用水量变动及因素分析[J].资源科学,33(10):1870-1876.

[149] 刘昌明,陈志恺,2001.中国水资源现状评价和供需发展趋势分析[M].北京:中国水利水电出版社.

[150] 刘春腊,等,2014.基于生态价值当量的中国省域生态补偿额度研究[J].资源科学,36(01):148-155.

[151] 刘红光,等,2019.基于灰水足迹的长江经济带水资源生态补偿标准研究[J].长江流域资源与环境,28(11):2553-2563.

[152] 刘晶,等,2014.引入市场机制进行流域生态补偿的管理制度研究[C]//中国环境科学学会.2014中国环境科学学会学术年会(第三章).山东政法学院商学院:9.

[153] 刘加伶,等,2020.水资源开发利用生态补偿研究:以重庆市万州区为例[J].人民长江:10.

[154] 刘金淼,等,2018.美国湿地补偿银行机制及对我国湿地保护的启示与建议[J].环境保护,46(08):75-79.

[155] 刘俊威,吕惠进,2012.流域生态补偿标准测算方法研究:基于水资源与水体纳污能力的利用程度[J].浙江师范大学学报(自然科学版),35(03):352-356.

[156] 刘礼军,2006.异地开发:生态补偿新机制[J].水利发展研究,(07):16-18.

[157] 刘七军,李昭楠,2012.不同规模农户生产技术效率及灌溉用水效率差异研究:基于内陆干旱区农户微观调查数据[J].中国生态农业学报,20(10):1374-1281.

[158] 刘庆生,2010.浙江省水资源利用效率研究[J].水利经济,28(2):28-30.

[159] 刘世强,2011.我国流域生态补偿实践综述[J].求实,(03):49-52.

[160] 刘毅,2005.中国区域水资源可持续利用评价及类型划分[J].环境科学,26(1):42-46.

[161] 刘艳飞,2014.以最严格水资源管理支撑生态文明建设[J].河南水利与南水北调,(07):4-5,13.

[162] 刘迎旭,闫佳琦,2019.河北承德生态保护修复试点显效[N].中国财经报,08.

[163] 刘渝,王岌,2012.农业水资源利用效率分析:全要素水资源调整目标比率的应用[J].华中农业大学学报(社会科学版),(6):26-30.

[164] 刘渝,2009.基于生态安全与农业安全目标下的农业水资源利用与管理研究[D].武汉:华中农业大学.

[165] 刘子飞,2016.中国绿色农业发展历程、现状与预测[J].改革与战略,32(12):94-102.

[166] 卢新海,柯善淦,2016.基于生态足迹模型的区域水资源生态补偿量化模型构建:以长江流域为例[J].长江流域资源与环境,25(02):334-341.

[167] 吕文慧,高志刚,2013.新疆产业用水变化的驱动效应分解及时空分异[J]资源科学,35(7):1380-1387.

[168] 罗必良,2017.推进我国农业绿色转型发展的战略选择[J].农业经济与管理,(06):8-11.

[169] 吕俊,2007.基于GIS的杭州市水环境容量计算及总量分配系统研制[D].南京:河海大学.

[170] 马海良,等,2012.中国近年来水资源利用效率的省际差异:技术进步还是技术效率[J].资源科学,34(5):794-1201.

[171] 马军旗,乐章,2021.黄河流域生态补偿的水环境治理效应:基于双重差分方法的检验[J].资源科学,43(11):2277-2288.

[172] 马历,等,2019.四川水资源压力与耕地利用效益变化的格局及耦合关系[J].中国农业资源与区划,40(11):9-19.

[173] 马培街,2007.农业水资源有效配置的经济分析[D].武汉:华中农业大学.

[174] 马莹,2014.国内流域生态补偿研究综述[J].经济研究导刊,(12):179-180.

[175] 马莹,2010.基于利益相关者视角的政府主导型流域生态补偿制度研究[J].经济体制改革(05):52-56.

[176] 买亚宗,等,2014.基于DEA的中国工业水资源利用效率评价研究[J].干旱区资源与环境,(11):42-47.

[177] 孟戈,等,2013.工业用水效率控制红线考核指标体系构建[J].水利科技与经济,5(S):47-50.

[178] 孟戈,2009.不对称信息对水资源集中分配机制效率的影响[J].武汉工程大学学报,31(9):27-30.

[179] 缪康,2015.塔里木河流域近期综合治理工程经济效益后评价[J].水利规划与设计,(08):16-19,44.

[180] 倪琪,等,2021.跨区域流域生态补偿标准核算:基于成本收益双视角[J].长江流域资源与环境,30(01):97-110.

[181] 倪琪,等,2022.公众参与跨区域流域生态补偿的行为研究[J].软科学,36(05):109-114.

[182] 聂倩,匡小平,2014.完善我国流域生态补偿模式的政策思考[J].价格理论与实践,(10):51-53.

[183] 努热曼古丽·图尔荪,等,2014.生态输水对塔里木河下游地下水变化的影响分析[J].宁夏农林科技,55(07):58-60,2.

[184] 欧阳志云,郑华,2013.生态补偿项目的成本、效益及对农户生计的影响[Z].北京市,中国科学院生态环境研究中心,10-08.

[185] 潘登,黄薇,2011.基于DEA模型的用水效率研究:以云南省为例[J].长江科学院院报,(12)12:15-18.

[186] 普书贞,等,2011.中国流域水资源生态补偿的法律问题与对策[J].中国人口·资源与环境,21(02):66-72.

[187] 彭喜阳,2009.生态补偿关系主客体界定研究[J].企业家天地月刊,(7):22-23.

[188] 彭晓春,等,2010.基于利益相关方意愿调查的东江流域生态补偿机制探讨[J].生态环境学报,19(07):1604-1210.

[189] 钱凯,2008.完善生态补偿机制政策建议的综述[J].经济研究参考,(54):39-44.

[190] 钱水苗,王怀章,2005.论流域生态补偿的制度构建:从社会公正的视角[J].中国地质大学学报(社会科学版),(05):80-84.

[191] 钱堃,朱显成,2008.水资源效率模型及以辽宁省为例的实证研究[J].大连工业大学学报,(2):188-190.

[192] 钱亦兵,等,2013.艾比湖地区植被和土壤在南-北区段上的差异性分析[J].干旱区地理,36(05):781-789.

[193] 乔旭宁,等,2012.流域生态补偿标准的确定:以渭干河流域为例[J].自然资源学报,27(10):1666-1676.

[194] 覃凤琴,2022.我国跨省流域横向生态补偿机制的实践探索与政策优化[J].财政科学(06):108-116.

[195] 覃新闻,2014.塔里木河流域水资源统:管理与调度实践[M].北京:中国水利水电出版社.

[196] 邱林,等,2005.数据包络分析在城市供水效率评价中的应用[J].人民黄河,27(7):33-39.

[197] 饶清华,2018.基于机会成本的闽江流域生态补偿标准研究[J].海洋环境科学,37(05):655-662.

[198] 尚海洋,刘正汉,2015.生态补偿研究的进展特征与认识误区[J].资源开发与市场,31(08):990-993,1006,1025.

[199] 尚杰,许雅茹,2020.生态资本与农业绿色全要素生产率:基于碳强度视角[J].生态经济,36(06):107-111,123.

[200] 盛丰,等,2012.山平塘清淤及其生态环境治理研究[J].湖南水利水电,(04):27-28.

[201] 时岩钧,2020.基于演化博弈的长江上游流域生态补偿机制设计与仿真研究[D].重庆:重庆理工大学.

[202] 史恒通,赵敏娟,2015.基于选择试验模型的生态系统服务支付意愿差异及全价值评估:以渭河流域为例[J].资源科学,37(02):351-359.

[203] 水利部水资源管理司,2022.2022年水资源管理工作要点[J].水资源开发与管理,8(02):5-7.

[204] 宋书巧,等,2016.珠江—西江经济带跨省域生态补偿机制的构建[J].经济与社会发展,14(6):25-28.

[205] 孙博,等,2017.基于选择实验法的湿地保护区农户生态补偿偏好分析:以陕西汉中朱鹮国家级自然保护区周边社区为例[J].资源科学,39(09):1792-1800.

[206] 孙才志,李红新,2008.辽宁省水资源利用相对效率的时空分异[J].资源科学,30(10):1442-1448.

[207] 孙才志,刘玉玉,2009.基于DEA-ESDA的中国水资源利用相对效率的时空格局分析[J].资源科学,31(10):1696-1703.

[208] 孙才志,等,2011.中国水资源利用效率驱动效应测度及空间驱动类型分析[J].地理科学,31(10):1213-1220.

[209] 孙嘉,等,2022.基于流域统一管理的塔里木河流域水资源管理体制框架设计研究[J].水利发展研究,22(01):50-54.

[210] 孙晓娟,等,2021.黄河流域生态保护补偿机制建设的立法建议[J].人民黄河,43(11):13-16,39.

[211] 唐建军,2010.陕西省灌溉用水技术效率及其影响因素研究[D].咸阳:西北农业科技大学.

[212] 唐承财,等,2022.专栏序言:"双碳"目标下中国旅游绿色低碳发展[J].中国生态旅游,12(04): 581-582.

[213] 田培,等,2022.农业经济系统与水资源环境系统耦合协调关系研究:以湖南省为例[J].华中师范大学学报(自然科学版),56(02):311-322.

[214] 托乎提·艾合买提,等,2014.塔里木河流域水资源管理[M].郑州:黄河水利出版社.

[215] 汪劲,2014.论生态补偿的概念:以《生态补偿条例》草案的立法解释为背景[J].中国地质大学学报(社会科学版),14(01):1-8,139.

[216] 汪少文,胡震云,2013.基于利益相关者的农业节水补偿机制研究[J].求索(12):227-229.

[217] 王兵,等,2008.中华人民共和国林业行业标准:森林生态系统服务功能评估规范[S].北京:国家林业局.

[218] 王春燕,仇亚琴,2014.基于 IDEA 模型的陕西省工业用水效率分析[J].农业与技术,(3)3:236-237.

[219] 王化齐,等,2019.石羊河流域水资源开发的生态环境效应与国土空间优化[J].西北地质,52(02): 207-217.

[220] 王金龙,马为民,2002.关于流域生态补偿问题的研讨[J].水土保持学报,(06):82-83,150.

[221] 王赛花,2021.黄河流域河南段横向生态补偿机制破冰[N].中国财经报,01.

[222] 王先甲,肖文,2001.水资源的市场分配机制及其效率田[J].水利学报,(12):26-31.

[223] 王漩,2012.经济发展对工业用水量的影响研究:基于我国东中西部面板数据的实证检验[J].哈尔滨商业大学学报,(4):39-43.

[224] 王学渊,2008.基于前沿面理论的农业水资源生产配置效率研究[D].杭州:浙江大学.

[225] 王奕淇,李国平,2020.流域中下游居民的支付意愿及其影响因素研究:以渭河流域为例[J].干旱区资源与环境,32(09):58-62.

[226] 王奕淇,李国平,2018.基于选择实验法的流域中下游居民生态补偿支付意愿及其偏好研究:以渭河流域为例[J].生态学报,40(09):2877-2885.

[227] 吴季松,2002.现代水资源管理概论[M].北京:中国水利水电出版社:98-105.

[228] 吴铭婉,臧传富,傅家仪,2020.松辽流域片区 1990—2015 年土地利用变化及驱动机制研究[J].中国农学通报,36(31):77-85.

[229] 伍国勇,等,2021.基于 CiteSpace 的中国流域生态补偿研究知识图谱分析[J].生态经济,37(10):164-172,184.

[230] 夏军,等,2022.鄱阳湖流域水资源生态安全状况及承载力分析[J].水资源保护,38(03):1-8,24.

[231] 肖加元,席鹏辉,2013.跨省流域水资源生态补偿:政府主导到市场调节[J].贵州财经大学学报,(02): 85-91.

[232] 肖俊威,杨亦民,2017.湖南省湘江流域生态补偿的居民支付意愿 WTP 实证研究:基于 CVM 条件价值法[J].中南林业科技大学学报,37(08):139-144.

[233] 谢高地,等,2008.一个基于专家知识的生态系统服务价值化方法[J].自然资源学报,(05):911-919.

[234] 谢高地,等,2015.基于单位面积价值当量因子的生态系统服务价值化方法改进[J].自然资源学报,30 (08):1243-1254.

[235] 新疆塔里木河流域管理局.新疆塔里木河流域水资源公报 2019[R].库尔勒:新疆塔里木河流域管理局,2020.

[236] 新疆维吾尔自治区统计局,2022.新疆统计年鉴:2005—2021[M].北京:中国统计出版社.

[237] 徐大伟,等,2015.生态补偿标准测算与居民偿付意愿差异性分析:以怒江流域上游地区为例[J].系统工程,33(05):81-88.

[238] 徐海量,等,2001.塔里木河干流纳污能力分析与评价[J].干旱区研究,(04):31-33.

[239] 徐素波,2020.生态补偿:理论综述与研究展望[J].林业经济,42(03):14-26.

[240] 许朗,黄莺,2012.农业灌溉用水效率及其影响因素分析:基于安徽省蒙城县的实地调查[J].资源科学,34(1):105-113.

[241] 许凤冉,等,2010.流域水资源共建共享理念与测算方法[J].水利学报,41(06):665-670.

[242] 薛静静,等,2014.中国能源供给安全综合评价及障碍因素分析[J].地理研究,33(05):842-852.

[243] 严立冬,等,2013.经济绿色转型视域下的生态资本效率研究[J].中国人口·资源与环境,23(04):18-23.

[244] 严立冬,等,2009.绿色财政政策与生态资源可持续利用[J].财政研究,(12):37-40.

[245] 颜少清,2016.山美水库至惠女水库引调水工程调度运行分析[J].西北水电,(06):6-8.

[246] 杨贵羽,王浩,2011.基于农业水循环结构和水资源转化效率的农业用水调控策略分析[J].中国水利,(13):14-17.

[247] 杨尚宝,2004.建立节水型工业的对策[J].辽宁科技参考,(7):30-32.

[248] 杨胜天,等,2017.中亚地区水问题研究综述[J].地理学报,72(01):79-93.

[249] 杨玉霞,等,2020.基于流域尺度的黄河水生态补偿机制[J].水资源保护,36(06):18-23,45.

[250] 雍会,吴强,2011.干旱区流域人口变迁与人类活动外部性影响:以塔里木河流域为例[J].西北人口,32(03):126-129.

[251] 于法稳,李来胜,2005.西部地区农业水资源利用的效率分析及政策建议[J].中国人口·资源与环境,15(6):35-39.

[252] 于法稳,2016.推动农业绿色转型路径探析[J].中国国情国力(12):59-61.

[253] 于法稳,2017.中国农业绿色转型发展的生态补偿政策研究[J].生态经济,33(03):14-18,23.

[254] 袁瑞娟,李凯琳,2018.基于意愿调查评估法的东苕溪水质改善的社会效益评估[J].地理科学,38(07):1183-1188.

[255] 岳晨,等,2021.福建省2010—2019年水资源生态足迹与生态承载力[J].水土保持通报,41(6):282-287.

[256] 岳立,赵海涛,2011.环境约束下的中国工业用水效率研究:基于中国13个典型工业省区2003年—2009年数据[J].环境科学,33(11):2071-2079.

[257] 喻笑勇,等,2018.湖北省水资源与社会经济耦合协调发展分析[J].长江流域资源与环境,27(04):809-817.

[258] 查建平,等,2021.沿黄九省(区)农业用水效率与农业经济发展耦合协调关系研究[J].水资源与水工程学报,32(05):219-226.

[259] 詹国辉,2018.跨域水环境、河长制与整体性治理[J].学习与实践,(03):66-74.

[260] 张大弟,等,1997.上海市郊区非点源污染综合调查评价[J].上海农业学报,(01):31-36.

[261] 张惠远,刘桂环,2006.我国流域生态补偿机制设计[J].环境保护(19):49-54.

[262] 张剑,等,2020.海洋经济驱动下的海岸带土地利用景观格局演变研究:基于CA-Markov模型的模拟预测[J].经济问题,(03):100-104,129.

[263] 张捷,等,2020.基于生态元核算的长江流域横向生态补偿机制及实施方案研究[J].中国环境管理,12(06):110-119.

[264] 张进财,2022.生态补偿机制创新建设与完善[J].环境保护科学,48(2):57-61.

[265] 张盼盼,等,2017.塔里木河流域居民生态补偿支付意愿和受偿意愿的差异性比较[J].资源开发与市场,33(04):423-429.

[266] 张沛,等,2017.塔里木河"九源一干"可承载最大灌溉面积探讨[J].干旱区研究,34(01):223-231.

[267] 张沛,2019.塔里木河流域社会-生态-水资源环境系统耦合研究[D].北京:中国水利水电科学研究院.

[268] 张翔,等,2005.水安全定义及其评价指数的应用[J].资源科学(03):145-149.

[269] 张雪乔,2016.西北生态脆弱区流域生态补偿的法律机制研究[D].西安:西安建筑科技大学.

[270] 张志强,等,2001.黑河流域生态系统服务的价值[J].冰川冻土,(04):360-366,466.

[271] 赵卉卉,等,2014.中国流域生态补偿标准核算方法进展研究[J].环境科学与管理,39(01):151-154.

[272] 赵剑波,2017.绵阳市涪江流域水环境生态补偿应用探析[D].绵阳:西南科技大学.

[273] 赵晶晶,2022.关系质量对流域生态补偿多主体协同程度的影响研究[J].干旱区资源与环境,36(12):32-40.

[274] 赵良仕,孙才志,2013.基于Global-Malmquist-Luenberber指数的中国水资源全要素生产率增长评价[J].资源科学,35(6):1229-1237.

[275] 赵良仕,等,2021.黄河流域水-能源-粮食安全系统的耦合协调发展研究[J].水资源保护,37(01):69-78.

[276] 赵素芹,等,2020.九洲江流域下游受益区居民的生态补偿支付意愿及其影响因素研究[J].生态经济,36(12):154-159,180.

[277] 赵新风,等,2015.不同水平年塔里木河流域灌溉面积超载分析[J].农业工程学报,31(24):77-81.

[278] 赵雪雁,等,2012.生态补偿研究中的几个关键问题[J].中国人口·资源与环境,22(02):1-7.

[279] 赵玉山,朱桂香,2008.国外流域生态补偿的实践模式及对中国的借鉴意义[J].世界农业,(04):14-17.

[280] 郑海霞,张陆彪,2006.流域生态服务补偿定量标准研究[J].环境保护(01):42-46.

[281] 郑海霞,2010.关于流域生态补偿机制与模式研究[J].云南师范大学学报(哲学社会科学版),42(05):54-110.

[282] 郑雪梅,2017.生态补偿横向转移支付制度探讨[J].地方财政研究,(08):40-47.

[283] 郑云辰,等,2019.流域多元化生态补偿分析框架:补偿主体视角[J].中国人口·资源与环境,29(07):131-139.

[284] 中国生态补偿机制与政策研究课题组,2007.中国生态补偿机制与政策研究[M].北京:科学出版社:35-37.

[285] 中华人民共和国生态环境部,2021.关于发布《排放源统计调查产排污核算方法和系数手册》的公告.

[286] 钟苏娟,等,2022.地缘安全视角下的中国国际河流水资源开发利用[J].世界地理研究,31(03):466-477.

[287] 周晨,等,2015.流域生态补偿中的农户受偿意愿研究:以南水北调中线工程陕南水源区为例[J].中国土地科学,29(08):63-72.

[288] 周春芳,等,2018.基于演化博弈的流域生态补偿机制研究:以贵州赤水河流域为例[J].人民长江,49(23):38-42.

[289] 周大杰,等,2005.流域水资源管理中的生态补偿问题研究[J].北京师范大学学报(社会科学版),(04):131-135.

[290] 周赞,等,2017.饮用水源保护区生态补偿标准修正核算方法[J].南水北调与水利科技,15(04):94-100.

[291] 朱立志,2015."三型"农业是新时期农业的发展方向[J].理论探讨,(06):73-76.

[292] 朱立志,2016."三型"农业:可持续发展新航标[J].农经,(10):20-22.

[293] 朱启荣,2007.中国工业用水效率与节水潜力实证研究[J].工业技术经济,26(9):48-51.

[294] 朱晓博,2015.城市河流生态修复效果评价[D].北京:北京林业大学.

[295] 庄巍,等,2016.太湖流域跨界区域水污染物通量数值模型构建与应用[J].水资源保护,32(01):36-41,50.

[296] 左其亭,等,2014.基于人水和谐理念的最严格水资源管理制度研究框架及核心体系[J].资源科学,36(05):906-912.

附　录

附录 1

部分重要政策文件、会议梳理（全国）			
文件/会议	发文机关	发布时间	与研究相关的重要议题
《关于加强生态保护工作的意见》	原国家环保总局	1997/11/28	提出了"生态补偿"的概念
《全国生态环境保护纲要》（国发〔2000〕38 号）	全国人民代表大会常务委员会	2000/11/26	明确提出建立我国的生态保护补偿机制，我国在流域生态补偿机制方面的研究开始起步
党的十六届五中全会	—	2005/10/8	首次提出加快推进建立生态保护补偿机制，这是我国生态保护补偿机制从理论研究逐步进入政策制定和实践探索的标志
《国务院关于落实科学发展观加强环境保护的决定》	国务院	2005/12/03	文件指出全国各级财政部门应该加大对生态补偿活动资金支持力度，从而进一步完善环境保护制度规定，加快建设生态补偿体制机制，中央和地方财政转移支付应考虑生态补偿因素，国家和地方可分别开展生态补偿试点
第六次全国环境保护大会	—	2006/04	原则上将按照"谁开发谁保护、谁破坏谁恢复、谁受益谁补偿、谁排污谁付费"的宗旨，完善生态补偿政策，建立生态补偿机制，实行有利于科学发展观的财税制度，建立健全资源有偿使用制度和生态环境补偿机制
《关于开展流域综合规划修编工作的意见》	国务院办公厅	2007/06	部署在全国范围内开展新一轮流域综合规划修编工作

文件/会议	发文机关	发布时间	与研究相关的重要议题
《国务院关于印发节能减排综合性工作方案的通知》（国发〔2007〕15号）	国务院办公厅	2008/03/28	明确要求"开展跨流域生态补偿试点工作"
《关于开展生态补偿试点工作的指导意见》	全国人民代表大会常务委员会	2007/09/14	以流域水环境防治为主旨、以共建共享为抓手的跨区域补偿制度框架开始进入建设阶段
《水污染防治法（修订）》	全国人民代表大会常务委员会	2008/06	
《中华人民共和国水污染防治法》	全国人民代表大会常务委员会	2008/2/28	第七条规定，"国家通过财政转移支付等方式，建立健全对位于饮用水水源保护区区域和江河、湖泊、水库上游地区的水环境生态保护补偿机制"，第七条首次在法律中确立了流域水环境生态保护补偿机制，为我国流域生态保护补偿提供了法律依据
《2009年国务院政府工作报告》	第十一届全国人民代表大会第二次会议	2019/12/18	重申要"完善资源有偿使用制度和生态环境补偿机制"
《中华人民共和国水土保持法》	全国人民代表大会常务委员会	2010/12/25	第31条将水土保持生态效益补偿纳入国家建立的生态效益补偿制度
关于全国水资源综合规划（2010—2030)的批复	国务院办公厅	2010/10/26	指出加强水资源保护与河湖生态修复
《中共中央国务院关于加快水利改革发展的决定》	中共中央、国务院	2011	指出"加强水资源配置工程建设，搞好水土保持和水生态保护，合理开发水能资源"
中国农村扶贫开发纲要（2011—2020年）	国务院办公厅	2011/12	文件指出加强生态建设。在贫困地区继续实施退耕还林、退牧还草、水土保持、天然林保护、防护林体系建设和石漠化、荒漠化治理等重点生态修复工程。建立生态补偿机制，并重点向贫困地区倾斜；加大重点生态功能区生态补偿力度；重视贫困地区的生物多样性保护

文件/会议	发文机关	发布时间	与研究相关的重要议题
《中共中央关于全面深化改革若干重大问题的决定》	中共中央、国务院	2013/11/18	指出坚持"谁受益、谁补偿"原则,完善对重点生态功能区的生态补偿机制,推动地区间建立横向生态补偿制度
2014年中央1号文件	中共中央、国务院	2014/01/19	要求在江河源头区、重要水源地、重要水生态修复治理区和蓄滞洪区等4类地区建立生态补偿机制
2014年政府工作报告	中华人民共和国第十二届全国人民代表大会第二次会议	2014/03/05	提出要"推动建立跨区域、跨流域生态补偿机制"
《中华人民共和国环境保护法》	全国人大常委会	2014/4/25	"保护优先"放于基本原则之首,体现了未来我国发展中将保护优先于开发的理念,《中华人民共和国环境保护法》写入了"生态保护补偿",以环境基本法的形式确定生态补偿的地位
《中共中央国务院关于加快推进生态文明建设的意见》	中共中央政治局	2015/03/25	提出要健全生态保护补偿机制,并要求研究制定相应的法律法规
《生态文明体制改革总体方案》	中共中央、国务院	2015/09/11	方案明确规定:探索建立多元化补偿机制,逐步增加对重点生态功能区转移支付,完善生态保护成效与资金分配挂钩的激励约束机制
《中华人民共和国国民经济和社会发展第十三个五年规划纲要》	十二届全国人大四次会议	2016/03/16	提出"建立健全流域横向生态补偿机制"
《关于健全生态保护补偿机制的意见》(简称《意见》)(国办发〔2016〕31号)	国务院办公厅	2016/05/13	提出"推进横向生态保护补偿,研究制定以地方补偿为主、中央财政给予支持的横向生态保护补偿机制办法",《意见》明确选取包括长江、黄河在内的重点流域和重点地区开展试点工作;对建立健全生态补偿机制作出了系统全面部署,提出到2020年实现重点领域和重要区域生态保护补偿全覆盖,补偿水平与经济社会发展状况相适应,多元化补偿机制初步建立,基本建立符合我国国情的生态保护补偿制度体系

续表

文件/会议	发文机关	发布时间	与研究相关的重要议题
《积极探索生态保护补偿效益评估的理论与方法》	国家发改委	2016/05/20	生态系统服务包括调节气候、涵养水源、保持土壤、调蓄洪水、降解污染物、固碳释氧、传粉、有害生物控制、减轻自然灾害等调节服务,以及源于生态系统组分和过程的文学艺术灵感、知识、教育和景观美学等文化服务
《全国农业现代化规划(2016—2020年)》(国发〔2016〕58号)	国务院	2016/10/20	促进新疆农牧业协调发展。以高效节水农业为主攻方向,适当减少高耗水量粮食作物
《中华人民共和国水法》(修改)	第十二届全国人民代表大会常务委员会第二十一次会议	2016/07/02	第29条(移民补偿)、第31条(工程移民补偿)、第35条(工程补偿)、第38条(建设补偿)、第55条(供水价格补偿)、第73条(贪污补偿的法律责任)等都是关于补偿的具体条款
《全国农业现代化规划(2016—2020年)》	国务院	2016/10/20	加强林业和湿地资源保护,生态保护修复
《关于加快建立流域上下游横向生态保护补偿机制的指导意见》(财建〔2016〕928号)	财政部、生态环境部、国家发改委、水利部	2016/12/30	提出"将流域跨界断面的水质水量作为补偿基准,流域跨界断面水质只能更好,不能更差,流域上下游地区可根据当地实际需求及操作成本确定补偿方式"。明确和细化跨界断面的水质水量监测,以及补偿标准的确定方式
《关于同意建立生态保护补偿工作部际联席会议的函》	国务院办公厅	2016/05	建立了生态保护补偿沟通协商机制,部际联席会议办公室设在国家发展改革委西部司
《"十三五"促进民族地区和人口较少民族发展规划》	国务院	2017/01	全面落实节约资源和保护环境基本国策,正确处理经济发展与生态环境保护的关系,深入推进生态文明建设,大力发展绿色经济,推动经济绿色发展,协调好扶贫开发与生态保护的关系,把尊重自然、顺应自然、保护自然融入生态扶贫工作全过程,以生态扶贫为主要脱贫攻坚措施的地方要积极调整和优化财政支出结构,统筹整合各渠道资金,切实把生态扶贫作为优先保障重点,贫困人口通过参与生态保护、生态修复工程建设和发展生态产业,收入水平明显提升,生产生活条件明显改善。贫困地区生态环境有效改善,生态产品供给能力增强,生态保护补偿水平与经济社会发展状况相适应,可持续发展能力进一步提升

续表

文件/会议	发文机关	发布时间	与研究相关的重要议题
《兴边富民行动"十三五"规划》	国务院办公厅	2017/06/06	重点支持边境贫困地区基本农田建设、农田水利建设、乡村道路建设、小流域治理等以及围绕生态护边加强边境地区生态文明建设
十九大报告		2017/10	"建立市场化、多元化生态补偿机制"
《关于支持深度贫困地区脱贫攻坚的实施意见》	中共中央办公厅	2017/11	关于生态环境部分提到加大生态扶贫支持力度,加强三区三州生态建设,优先安排退耕还林任务,重点支持防护林建设和经济林发展以及流域生态保护
《生态扶贫工作方案》	国家发展改革委、国家林业和草原局、财政部、水利部、农业农村部、国务院扶贫办	2018/01	指出坚持扶贫开发与生态保护并重,采取超常规举措,通过实施重大生态工程建设,加大生态补偿力度,大力发展生态产业,创新生态扶贫方式
《乡村振兴战略规划(2018—2022年)》	中央农村工作领导小组办公室	2018/02	牢固树立和践行绿水青山就是金山银山的理念,落实节约优先、保护优先、自然恢复为主的方针,统筹山水林田湖草系统治理,严守生态保护红线,以绿色发展引领乡村振兴
《建立市场化、多元化生态保护补偿机制行动计划》(发改西部〔2018〕1960号)	国家发展改革委	2018/12	对建立市场化、多元化生态补偿机制作出了顶层设计,提出健全资源开发补偿制度、优化排污权配置、完善水权配置、健全碳排放权抵消机制、发展生态产业、完善绿色标识、推广绿色采购、发展绿色金融、建立绿色利益分享机制等9方面重点任务
《关于统筹推进自然资源资产产权制度改革的指导意见》	中共中央、国务院	2019/4	意见要求到2020年,我国基本建立归属清晰、权责明确、保护严格、流转顺畅、监管有效的自然资源资产产权制度;探索建立政府主导、企业和社会参与、市场化运作、可持续的生态保护补偿机制,对履行自然资源资产保护义务的权利主体给予合理补偿
《国家节水行动方案》	国家发改委、水利部	2019/04/15	指出进行市场机制创新,推进水权水市场改革;推进水资源使用权确权,明确行政区域取用水权益,科学核定取用水户许可水量。探索流域内、地区间、行业间、用水户间等多种形式的水权交易

文件/会议	发文机关	发布时间	与研究相关的重要议题
《生态综合补偿试点方案》	国家发改委	2019/11	选择50个县(市、区)开展生态综合补偿试点,大力推进生态补偿工作。提出四项试点任务:一是创新森林生态效益补偿制度,二是推进建立流域上下游生态补偿制度,三是发展生态优势特色产业,四是推动生态保护补偿工作制度化
《关于新时代推进西部大开发形成新格局的指导意见》	中共中央、国务院	2020/5	指出实施环境保护重大工程,构建生态环境分区管控体系;深入实施重点生态工程;加强跨境生态环境保护合作;考虑重点生态功能区占西部地区比例较大的实际,继续加大中央财政对重点生态功能区转移支付力度,完善资金测算分配办法
《中华人民共和国国民经济和社会发展第十四个五年规划和2035年远景目标纲要》	十三届全国人大四次会议	2021/3/13	明确到2025年,政府主导、部门协同、企业履责、社会参与、公众监督的"大监测"格局更加成熟定型,高质量监测网络更加完善,生态环境监测现代化建设取得新成效;到2035年,生态环境监测体系与制度全面健全完善,生态环境监测现代化基本实现,监测管理与业务技术水平迈入国际先进行列,为生态环境根本好转和美丽中国建设目标基本实现奠定坚实基础
《十四五全国农业绿色发展规划》	农业农村部、国家发展改革委、科技部、自然资源部、生态环境部、国家林业和草原局	2021/8/23	指出"绿色生态的政策激励机制还不完善","管控西北内陆、沿海滩涂等区域开垦耕地行为","在华北、西北等地下水超采区,禁止农业新增取用地下水,适度退减灌溉面积。调整农作物种植结构,适度调减高耗水作物,推动水资源超载和临界超载地区农业结构调整。强化农业取水许可管理,严格控制地下水利用"
《2022年水资源管理工作要点》	水利部	2022/2	指出需要健全初始水权分配制度,严格取用水监管,推进河湖生态环境复苏,提高水资源管理精细化水平,深化水资源管理改革

部分重要政策文件、会议梳理（新疆）			
文件/会议	发文机关/会议	发布时间	文件/会议内容
《新疆维吾尔自治区塔里木河流域水资源管理条例》	自治区八届人大常委会第三十次会议	1997/12/11	加强流域水资源的管理利用
《新疆维吾尔自治区水土保持设施补偿费、水土流失防治费收缴使用管理暂行规定》《新疆维吾尔自治区水土保持补偿费征收使用管理办法》	新疆维吾尔自治区	2000、2015	由水行政主管部门对损坏水土保持设施和破坏生态的生产建设单位和个人征收水土保持补偿费，并专项用于水土流失预防治理
《塔里木河流域近期综合治理规划》	国务院	2001/06/27	实施塔里木河流域综合治理，要坚持以生态系统建设和保护为根本，以水资源合理配置为核心，源流与干流统筹考虑，工程措施与非工程措施紧密结合，生态建设与经济发展相协调，科学安排生活、生产和生态用水
《塔里木河流域"四源一干"地表水水量分配方案》	新疆维吾尔自治区	2003	塔里木河流域开始实施限额用水管理，即对各单位用水进行限额控制。每年年初由塔委会主任与各单位签订年度用水目标责任书，实施限额用水行政首长负责制，塔管局负责监督执行
《国务院关于完善大中型水库移民后期扶持政策的意见》（国发〔2006〕17号）、《新疆维吾尔自治区大中型水库移民后期扶持资金管理办法》（新财企〔2013〕144号）	国家发展改革委、新疆维吾尔自治区财政厅、扶贫开发办公室	2006、2013	对纳入大中型水库搬迁扶持范围的居民以600元/（人·a）标准，再补助20 a
《昌吉州农业水资源补偿费计收使用管理办法(暂行)》	新疆维吾尔自治区水利厅	2016/01/06	以经济杠杆促进合理配置和优化水资源使用结构

续表

文件/会议	发文机关/会议	发布时间	文件/会议内容
《关于健全生态保护补偿机制的实施意见》	新疆维吾尔自治区人民政府办公厅	2017/9	指出严格用水管理,加快山区控制性水利枢纽工程建设,加快中大型灌溉区续建节水配套与节水改建工程建设,加快田间高效节水工程建设,推进灌溉区信息化建设等措施
《关于推进南疆水资源高效利用的指导意见》	新疆维吾尔自治区水利厅	2019/12/18	严格用水管理,加快山区控制性水利枢纽工程建设,加快中大型灌溉区续建节水配套与节水改建工程建设,加快田间高效节水工程建设,推进灌溉区信息化建设等措施

附录 2

南疆塔里木盆地西缘区(V-1)不同农作物农业灌溉用水定额/(m³·亩⁻¹)								
A0112	冬小麦	340	375	290	320	255	280	240	265
	春小麦	300	330	255	280	225	250	210	230
A0113	春玉米	330	365	280	310	250	275	230	255
	夏玉米	320	350	275	305	240	265	225	250
A0119	水稻	900	990	765	845				
A0123	薯类	325	360	275	305	245	270	230	255
A0122	油菜	325	360	275	305	245	270	230	255
	葵花	325	360	275	305	245	270	230	255
A0121	豆类	315	350	270	300	235	260	220	245
A0131	棉花	390	430	335	370	295	325	275	305
A0133	甜菜	345	380	295	325	260	285	245	270
A0190	苜蓿	310	340	265	295	235	260	220	245
A0141	蔬菜	380	420	320	350	280	310	265	295
A0152	葡萄	405	445	345	380	305	335	285	315
A0149	瓜类	310	340	265	295	235	260	220	245
A0159	果树	440	485	375	415	330	365	310	340
A0220	林地	400	440	340	375	300	330	280	310
A0119	其他	310	340	265	295	235	260	220	245

南疆塔里木盆地北缘平原区(V-2)不同农作物农业灌溉用水定额/(m³·亩⁻¹)								
A0112	冬小麦	330	365	280	310	250	275	230	255
	春小麦	290	320	245	270	220	245	200	220
A0113	春玉米	320	355	275	305	240	265	225	250
	夏玉米	320	355	275	305	240	265	225	250
A0119	水稻	890	980	755	830				
A0123	薯类								
A0122	油菜								
	葵花	325	360	275	305	245	270	230	255
A0121	豆类								

南疆塔里木盆地北缘平原区(V-2)不同农作物农业灌溉用水定额/(m³·亩⁻¹)								
A0131	棉花	400	440	340	375	300	330	280	310
A0133	甜菜	350	385	300	330	265	295	245	270
A0190	苜蓿	320	355	275	305	240	265	225	250
A0141	蔬菜	375	415	320	350	280	310	265	295
A0152	葡萄	395	435	335	370	295	325	280	310
A0149	瓜类	315	350	270	295	235	260	220	245
A0159	果树	455	500	390	430	340	375	320	355
A0220	林地	390	430	330	365	290	320	270	300
A0119	其他	300	330	255	280	225	250	210	230

南疆塔里木盆地北缘冲击扇区(V-3)不同农作物农业灌溉用水定额/(m³·亩⁻¹)								
A0112	冬小麦	330	365	280	310	250	275	230	255
	春小麦	290	320	245	270	220	245	200	220
A0113	春玉米	320	350	275	305	240	265	225	250
	夏玉米	320	350	275	305	240	265	225	250
A0119	水稻	800	880	680	750				
A0123	薯类	320	350	275	305	240	265	225	250
A0122	油菜	325	360	275	305	245	270	230	255
	葵花	325	360	275	305	245	270	230	255
A0121	豆类	295	325	250	275	220	245	210	230
A0131	棉花	385	425	330	365	290	320	270	300
A0133	甜菜	360	395	305	335	270	300	255	280
A0190	苜蓿	315	350	270	300	240	265	220	245
A0141	蔬菜	375	415	320	350	280	310	265	295
A0152	葡萄	395	435	335	370	295	325	280	310
A0149	瓜类	310	340	265	295	235	260	220	245
A0159	果树	450	495	385	425	340	375	315	350
A0220	林地	380	420	325	360	285	315	265	295
A0119	其他	300	330	255	280	225	250	210	230

南疆塔里木盆地南缘平原区（V-4）不同农作物农业灌溉用水定额/（m³·亩⁻¹）								
A0112	冬小麦	350	385	300	330	265	295	245	270
	春小麦	310	340	265	295	235	260	220	245
A0113	春玉米	325	360	275	305	245	270	230	255
	夏玉米	320	355	275	305	240	265	225	250
A0119	水稻	895	985	760	835				
A0123	薯类	325	360	275	305	245	270	230	255
A0122	油菜	335	370	285	315	250	275	235	260
	葵花	375	415	320	355	280	310	265	295
A0121	豆类	315	350	270	300	235	260	220	245
A0131	棉花	400	440	340	375	300	330	280	310
A0133	甜菜								
A0190	苜蓿	310	340	265	295	235	260	220	245
A0141	蔬菜	480	530	410	450	360	395	335	370
A0152	葡萄	410	450	350	385	310	340	290	320
A0149	瓜类	380	420	325	360	285	315	265	295
A0159	果树	470	515	400	440	355	390	330	365
A0220	林地	400	440	340	375	300	330	280	310
A0119	其他	310	340	265	295	235	260	220	245

南疆塔里木周边山间河谷及盆地（V-5）不同农作物农业灌溉用水定额/（m³·亩⁻¹）								
A0112	冬小麦	300	330	255	280	225	250	210	230
	春小麦	250	275	215	240	190	210	180	200
A0113	春玉米	310	340	265	295	235	260	220	245
	夏玉米	305	335	260	285	230	255	215	235
A0119	水稻	750	825	640	705				
A0123	薯类	305	335	260	285	230	255	215	235
A0122	油菜	300	330	255	280	225	250	210	230
	葵花	325	360	275	300	245	270	230	255
A0121	豆类	295	325	250	275	220	245	210	230
A0131	棉花	320	350	275	305	240	265	225	250
A0133	甜菜	330	365	280	310	250	275	230	255

南疆塔里木周边山间河谷及盆地(V-5)不同农作物农业灌溉用水定额/(m³·亩⁻¹)								
A0190	苜蓿	290	320	250	275	220	245	205	225
A0141	蔬菜	330	365	280	310	250	275	230	255
A0152	葡萄	365	405	310	340	275	305	255	280
A0149	瓜类	310	340	265	295	235	260	220	245
A0159	果树	390	430	330	362	295	325	275	305
A0220	林地	340	375	290	320	255	280	235	260
A0119	其他	290	320	250	275	220	245	205	225

附录3

主成分分析原始数据

	水资源开发利用率/%	农业水资源利用效率系数/(kg·m⁻³)	农田实灌亩均用水量/m³	亩均水资源占有量/m³	节水灌溉面积/hm²	农业GDP水耗/(m³/万元)	农民人均纯收入/元	人均水资源占有量/m³	农业产值占比/%	亩均农业产值/元	农业用水比例/%	生态用水比例/%	水土流失治理面积/hm²
2004	69.17	1.21	1 334.54	2 003.98	1 076.77	10 076.93	2 316.42	4 547.11	31.31	2 979.78	96.28	1.95	37.58
2005	58.86	1.25	1 304.38	2 327.75	1 122.84	9 253.51	2 496.12	5 443.85	25.68	3 171.62	95.20	3.20	87.18
2006	57.81	1.30	1 260.89	2 298.60	1 204.72	7 991.83	2 777.35	5 346.83	23.33	3 549.88	94.88	3.25	117.06
2007	70.14	1.45	1 255.72	1 872.23	1 248.29	6 666.08	3 296.98	4 522.27	23.54	4 238.42	95.62	2.35	126.91
2008	72.21	1.69	1 127.01	1 623.21	1 399.29	6 040.92	3 622.95	4 497.56	25.23	4 197.65	96.15	1.92	135.83
2009	84.67	2.19	992.50	1 219.96	1 456.15	5 097.51	4 143.10	3 652.67	27.82	4 380.83	96.08	1.89	154.47
2010	58.52	2.07	1 037.61	1 829.54	1 503.01	4 530.67	4 182.29	5 430.09	28.73	5 152.91	96.92	1.20	154.47
2011	66.52	2.27	971.38	1 510.26	1 538.26	3 759.44	4 944.76	4 370.13	25.88	5 813.62	96.69	0.99	168.29
2012	68.04	2.01	1 122.01	1 693.95	1 189.84	3 876.66	5 775.20	5 041.53	25.77	6 512.13	97.36	0.33	260.59
2013	71.35	2.10	1 092.29	1 578.27	765.16	3 413.74	6 663.00	4647.20	25.37	7 199.30	97.00	0.54	315.04
2014	86.68	2.15	793.97	943.32	853.38	2 919.18	7 823.00	3 511.62	24.02	6 119.66	97.10	0.48	340.15
2015	69.85	2.52	792.24	1 168.64	891.58	2 704.97	8 593.20	4 295.35	24.34	6 589.84	97.05	0.45	375.76
2016	66.51	2.71	782.27	1 205.33	988	2 634.05	8 789.60	4 502.00	27.64	6 682.16	97.59	0.45	405.35
2017	63.65	2.70	764.92	1 254.40	1 037.69	2 753.01	9 859.40	4 449.66	23.80	6 251.58	95.81	0.86	443.53
2018	75.96	2.60	722.51	1 023.45	1 106.62	2 173.46	10 566.60	3 626.51	23.09	7 479.52	92.94	3.88	554.8
2019	77.02	2.52	863.69	1 175.63	1 217.03	2 319.81	11 498.00	3 796.47	21.05	8 376.97	95.38	1.72	707.34
2020	75.78	2.53	753.29	1 067.49	1 261.22	1 952.77	12 512.80	3 604.25	22.08	8 679.49	93.12	3.41	807.04

DEA-BCC 模型原始数据

时间	地区	地区农业生产增加值/万元	农业生产从业人数/人	农业固定资产投资总额/万元	农业生产用水总量/亿 m³
2004	1	403 318	150 606	42 710	37.76
2004	2	580 375	472 568	71 899	98.45
2004	3	43 185	85 357	14 047	7.4
2004	4	528 772	732 891	24 152	99.18
2004	5	197 609	445 212	17 254	36.76
2005	1	496 392	161 481	69 480	42.47
2005	2	674 296	489 439	77 016	100.2
2005	3	52 755	91 540	6 500	7.91
2005	4	600 040	707 345	47 606	100.7
2005	5	220 546	451 217	23 143	36.42
2006	1	561 545	167 952	81 116	36
2006	2	744 952	507 340	135 252	97.44
2006	3	53 608	96 752	2 340	7.43
2006	4	691 592	716 265	56 900	103.97
2006	5	222 786	451 324	26 115	36.85
2007	1	688 644	167 849	102 246	37.6
2007	2	850 624	507 578	153 207	98.93
2007	3	59 928	100 225	1 853	7.89
2007	4	909 212	740 073	46 468	107.27
2007	5	255 785	458 400	37 524	36.62
2008	1	723 023	171 933	79 605	38.24
2008	2	938 566	506 723	75 336	102.79
2008	3	65 755	110 912	4 077	8.26
2008	4	1 035 800	734 172	76 065	113.29
2008	5	289 559	460 488	23 234	40.59
2009	1	841 376	180 064	91 392	39.28
2009	2	1 095 578	520 451	53 292	101.32
2009	3	74 108	119 217	11 334	7.96
2009	4	1 153 150	764 067	69 432	104.78

时间	地区	地区农业生产增加值/万元	农业生产从业人数/人	农业固定资产投资总额/万元	农业生产用水总量/亿 m³
2009	5	317 912	455 451	54 913	42.55
2010	1	1 081 543	185 918	111 464	40.9
2010	2	1 380 325	539 676	79 028	97.5
2010	3	78 022	122 675	28 422	8.54
2010	4	1 517 509	803 418	106 457	114.96
2010	5	363 132	463 079	58 657	44.73
2011	1	1 301 123	190 707	76 909	38.43
2011	2	1 613 602	662 589	54 692	99.23
2011	3	90 412	124 281	8 411	8.1
2011	4	1 506 655	931 061	167 981	107.22
2011	5	408 264	477 302	88 332	41.81
2012	1	1 554 446	202 316	78 386	55.57
2012	2	1 918 479	665 826	54 813	116.37
2012	3	104 520	135 811	10 083	11.65
2012	4	1 752 279	1 155 810	185 705	124.06
2012	5	457 209	501 882	95 046	46.55
2013	1	1 766 244	203 050	207 284	53.95
2013	2	2 202 847	689 387	81 374	115.55
2013	3	123 806	141 466	37 106	10.58
2013	4	1 913 001	1 207 187	235 416	122.55
2013	5	531 147	565 250	120 149	45.39
2014	1	1 846 935	207 312	216 022	52.75
2014	2	2 205 426	687 798	103 053	109.11
2014	3	131 076	141 924	52 603	12.35
2014	4	2 064 815	1 216 966	241 446	114.5
2014	5	586 068	650 535	164 835	44.45
2015	1	1 814 339	208 061	280 796	51.83
2015	2	2 362 121	746 373	233 002	105.77
2015	3	141 662	146 536	73 331	11.7

时间	地区	地区农业生产增加值 /万元	农业生产从业人数 /人	农业固定资产投资总额 /万元	农业生产用水总量 /亿 m³
2015	4	2 267 496	1 269 301	451 022	116.25
2015	5	626 682	693 275	359 078	44.77
2016	1	1 992 769	211 156	371 951	51.83
2016	2	2 333 833	800 729	322 524	105.77
2016	3	150 194	152 828	79 360	11.7
2016	4	2 600 304	1 343 486	752 343	116.25
2016	5	646 910	757 721	362 637	44.77
2017	1	1 784 898	212 197	427 410	43.79
2017	2	2 251 074	777 091	379 699	105.23
2017	3	140 579	150 600	79 146	10.65
2017	4	2 639 908	1 269 503	670 114	111.22
2017	5	593 164	747 200	241 988	43.32
2018	1	1 553 067	109 987	212 850	41.06
2018	2	2 593 643	437 936	361 473	102.23
2018	3	155 360	93 824	40 048	10.19
2018	4	2 813 463	695 770	419 491	102.76
2018	5	686 558	409 316	279 980	40.55
2019	1	1 743 114	110 364	187 947	49
2019	2	2 757 328	406 836	439 190	114.79
2019	3	180 950	97 375	60 713	9.96
2019	4	2 959 281	826 429	611 618	109.76
2019	5	687 177	392 794	431 169	39.7
2020	1	822 460	186 875	565 720	43.61
2020	2	1 789 746	730 894	900 779	104.41
2020	3	3 133 693	156 512	86 941	9.47
2020	4	179 771	1 305 203	1 236 080	107.71
2020	5	3 244 949	575 880	1 072 748	38.78

注:在地区中 1 表示巴音郭楞蒙古自治州;2 表示阿克苏地区;3 表示克孜勒苏柯尔克孜自治州;4 表示喀什地区;5 表示和田地区。下同。

塔里木河流域各地州农业用水效率值

	地区	综合效率	纯技术效率	规模效率	规模效益	综合效率平均值
2004	1	1	1	1	不变	0.723 8
	2	0.664	0.666	0.997	递增	
	3	0.257	0.542	0.474	递增	
	4	1	1	1	不变	
	5	0.698	0.752	0.928	递增	
2005	1	1	1	1	不变	0.830 2
	2	0.724	0.725	0.998	递增	
	3	0.66	1	0.66	递增	
	4	1	1	1	不变	
	5	0.767	0.8	0.96	递增	
2006	1	1	1	1	不变	0.778 4
	2	0.527	0.528	0.999	递增	
	3	1	1	1	不变	
	4	0.831	0.976	0.851	递减	
	5	0.534	0.63	0.847	递减	
2007	1	0.987	1	0.987	递减	0.787 8
	2	0.504	0.517	0.976	递减	
	3	1	1	1	不变	
	4	1	1	1	不变	
	5	0.448	0.468	0.956	递减	
2008	1	0.636	1	0.636	递减	0.447
	2	0.446	0.486	0.919	递减	
	3	0.438	0.956	0.458	递增	
	4	0.376	0.376	0.998	递减	
	5	0.339	0.411	0.824	递增	
2009	1	0.781	1	0.781	递减	0.481 4
	2	0.659	0.669	0.985	递增	
	3	0.24	0.475	0.506	递增	
	4	0.532	0.538	0.989	递增	
	5	0.195	0.23	0.851	递增	

	地区	综合效率	纯技术效率	规模效率	规模效益	综合效率平均值
2010	1	0.78	1	0.78	递减	0.459 2
	2	0.638	0.647	0.987	递增	
	3	0.131	0.265	0.495	递增	
	4	0.521	0.524	0.994	递增	
	5	0.226	0.28	0.809	递增	
2011	1	0.785	1	0.785	递减	0.559 8
	2	1	1	1	不变	
	3	0.428	0.428	0.999	不变	
	4	0.382	0.382	1	不变	
	5	0.204	0.204	1	不变	
2012	1	1	1	1	不变	0.480 8
	2	0.711	0.721	0.986	递增	
	3	0.194	1	0.194	递增	
	4	0.311	0.313	0.995	递增	
	5	0.188	0.201	0.934	递增	
2013	1	0.972	1	0.972	递减	0.591 2
	2	1	1	1	不变	
	3	0.236	0.518	0.456	递增	
	4	0.469	0.473	0.993	递减	
	5	0.279	0.303	0.919	递增	
2014	1	0.414	0.503	0.824	递增	0.724 6
	2	0.45	0.498	0.903	递增	
	3	1	1	1	不变	
	4	0.759	0.781	0.972	递增	
	5	1	1	1	不变	
2015	1	1	1	1	不变	0.619 8
	2	1	1	1	不变	
	3	0.258	0.637	0.405	递增	
	4	0.582	0.628	0.927	递减	
	5	0.259	0.269	0.962	递增	

	地区	综合效率	纯技术效率	规模效率	规模效益	综合效率平均值
2016	1	1	1	1	不变	0.665 4
	2	1	1	1	不变	
	3	0.348	0.704	0.495	递增	
	4	0.627	0.672	0.933	递减	
	5	0.352	0.371	0.948	递增	
2017	1	1	1	1	不变	0.741 8
	2	1	1	1	不变	
	3	0.395	0.913	0.432	递增	
	4	0.818	0.827	0.99	递减	
	5	0.496	0.586	0.846	递增	
2018	1	0.793	1	0.793	递减	0.511 2
	2	0.567	1	0.567	递减	
	3	0.328	1	0.328	递增	
	4	0.58	0.972	0.597	递减	
	5	0.288	0.309	0.934	递增	
2019	1	0.563	1	0.563	递减	0.374 2
	2	0.38	1	0.38	递减	
	3	0.274	0.286	0.96	递增	
	4	0.411	1	0.411	递减	
	5	0.243	0.249	0.976	递增	
2020	1	0.151	0.171	0.881	递增	0.306 8
	2	0.102	0.111	0.915	递增	
	3	1	1	1	不变	
	4	0.006	0.036	0.181	递增	
	5	0.275	1	0.275	递减	

附录 4

各类农产品虚拟需水量

单位:m³/t

种类	虚拟需水量
水稻	1 210
小麦	1 050
玉米	730
大豆	2 280
粮食合计	5 270
薯类	880
经济类(棉花)	3 810
油料	2 430
甜菜	100
水果	870
蔬菜	190
饲料类(苜蓿)	770

注:数据来源中国农产品虚拟水-耕地资源区域时空差异演变。

附录 5

塔里木河流域各地州 2004 至 2020 年农业经济综合发展指数

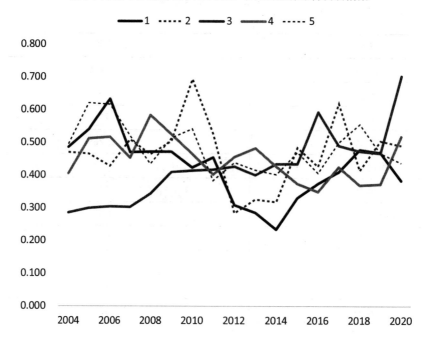

附录6

塔里木河流域管理部门职责	
部门名称	主要职责
塔里木河流域水利委员会	塔里木河流域水利委员会是自治区人民政府设立的负责统一监督管理塔里木河流域水资源的机构,对自治区人民政府负责。塔委会下设执行委员会,执行委员会是塔委会的执行机构。根据《条例》及《新疆维吾尔自治区塔里木流域水利委员会章程》,塔委会负责研究决定流域内的水资源管理重大问题;领导执委会和塔管局的工作;协调流域内地方与兵团、地方各地州之间的重大水事纠纷;决定流域内各地州及兵团有关师(局)用水分配方案;决定增加常委会的成员单位
塔里木河流域管理局	塔里木河流域管理局是塔委会的办事机构,同时也是自治区水行政主管部门派出的流域管理机构,受自治区水行政主管部门的行政领导。现阶段塔管局主要负责塔里木河流域干流及开都-孔雀河、阿克苏河、叶尔羌河、和田河、车尔臣河等5条源流的水资源统一管理、流域综合治理和监督职能。具体职责包括:负责管辖范围内的水行政执法、水政监察和水事纠纷调处工作;组织编制塔里木河流域综合规划和专业规划并监督实施;负责塔里木河流域水资源统一管理,统筹协调塔里木河流域用水,实施取用水总量控制;负责塔里木河流域水资源保护工作;负责管辖范围内的河道管理;组织编制塔里木河流域防洪方案;研究提出直管工程的水价以及其他有关收费项目的立项、调整建议方案;负责开展塔里木河流域水利科技、统计和信息化建设工作;承担塔委会、执行委员会和自治区水行政主管部门交办的其他工作
其他四源水资源管理机构	喀什噶尔河流域管理局:作为自治区水利厅派出机构,根据国家、自治区有关法律法规和政策,在喀什噶尔河流域内行使水行政主管部门职责。渭干河流域管理局(新疆阿克苏地区渭干河流域管理处):主管单位为阿克苏地区水利局,根据国家、自治区有关法律法规和政策,在阿克苏地区渭干河流域内行使水行政主管部门职责。巴州迪那河流域管理处:负责管理轮台县迪那河流域内的所有地表水资源(包括迪那河、塔力克河、阳霞河、策达雅河、土尸洛克河、库努尔河、克因力克河、月塘铁力克河、艾西买河)和地下水资源。和田地区于田县水利局:根据国家、自治区有关法律法规和政策,在和田地区于田县克里雅河流域行使水行政主管部门职责
地方政府、兵团师水行政主管部门	地方政府、兵团师水行政主管部门按照规定的权限,负责本行政区域内水资源的统一管理和监督工作